次の巨大地震はどこか!

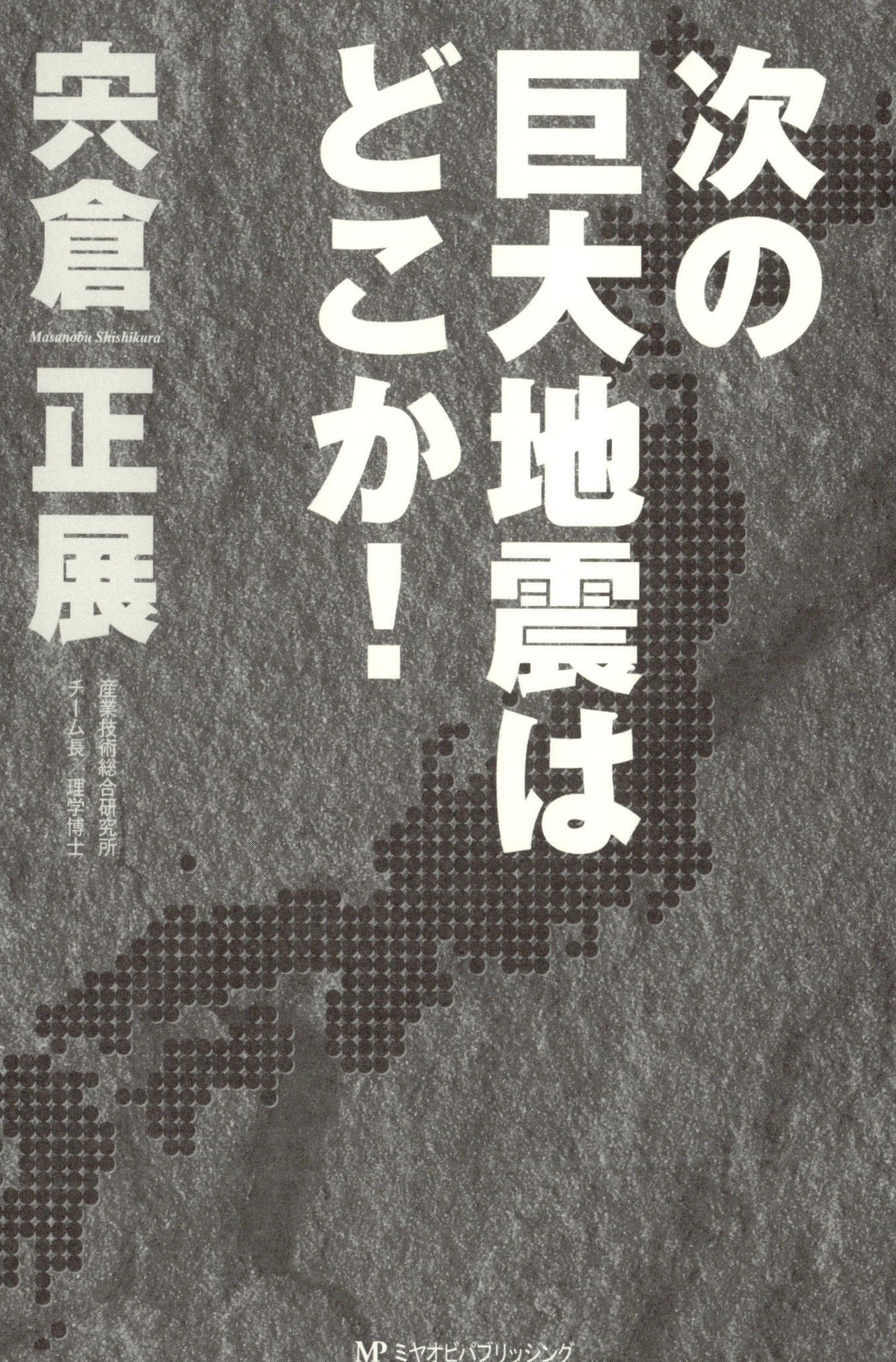

宍倉正展
Masanobu Shishikura
産業技術総合研究所
チーム長・理学博士

MP ミヤオビパブリッシング

まえがき

まず本書のはじめに、東日本大震災において、犠牲になられた方々のご冥福をお祈りするとともに、被災された方々に心よりお見舞い申し上げます。

２０１１年3月11日午後2時46分。日本の歴史に確実に記録される出来事が始まった瞬間である。この日を境に東日本に住む多くの方々の生活が一変したことだろう。犠牲になられた方々のご家族や、まだ避難生活を強《し》いられている方々に比べれば、ごくごくほんの些細な変化だが、私を取り巻く環境も確実に変わった。

地震後、私の研究チームは、多くのマスコミから注目され、「地震を予見していた研究者」として取り上げられた。中には予言者になぞらえる新聞記事もあった。しかし我々は地震がまさに3月11日に起こるなどとオカルト的に予知していたわけではない。ただ、過去に貞観《じょうがん》地震という巨大津波の証拠があること、それが５００～１０００年間隔でくり返し起きていたことを地質学的に解明し、同様の地震がいつ起きてもおかしくない、と数年前から報告していたのである。つまり科学的事実を淡々と述べてきただけなのだ。だから我々は地震の前も後も、言ってることは変わらない。変わったのは周りの受け取り方である。

将来何が起こるかを予測することは難しい。しかし過去に起こった事実を知ることは可能である。そして過去に起こったことは将来も起こりうる。これが、我々が携わっている古地震学という研究分野の本質である。ただ、500年とも1000年とも言われる非常に長いくり返し間隔の中で、「いつ起きてもおかしくない」と言われても、多くの方々は切迫性を感じとりにくいだろう。このため我々の貞観地震に関する研究成果は、地震の起こる前から一部のマスコミで報道されていたものの、あまり注目されることはなかった。

一般の方々への周知が至らなかったことは、時間的に間に合わなかったという事情もあったが、我々の努力不足でもある。研究者は専門の研究に邁進するだけでなく、成果を広く社会に役立てることも重要な使命である。報告書や論文を書くことで使命が終わったような気でいたが、やはりもっと積極的なアウトリーチ活動が必要ではなかったか、と反省している。だから地震後、マスコミに注目されるようになってからは、逆に「過去を知ることの大切さ」を伝える手段として、多くの取材依頼も一つ一つ丁寧に応えてきたつもりである。

今、私が特に重視しているのが一般向けの講演である。それは私の上司である岡村行信・活断層・地震研究センター長が、地震の4ヶ月前に宮城県多賀城市に工場のある企業で講演を行い、巨大津波の切迫性を説いたおかげで、そこの従業員は今回の津波で一人も犠牲者を出さずに済んだという事実があるからである。

しかし、講演は限られた時間に、限られた人数に対してしか話を伝えることができない。もっと、より多くの方々に伝えたいが、一方で、講演ばかりして肝心の研究する時間がなくなってしまっては本末転倒である。そこで、書籍の出版というのも一つの解決方法であった。そんな折、声をかけていただいたのが宮帯出版社の赤池広行さんである。本書は浦龍三さん(双樹舎)、酒部寛之さん(宮帯出版社)のサポートも得て、地震から半年足らずという非常に早い段階で完成に至った。お三方にはこの場を借りて謝意を表したい。

本書の内容は2部構成になっており、第1部では普段私が講演で話していることを基本に、現時点で言えることを可能な限り納めたつもりである。まずは我々が「予見していた」と言われる所以となった貞観地震のこと、そして今後、日本列島で起こりうる巨大地震について、北海道東部、関東地方、東海・東南海・南海地域の順に説明した。いずれも私が大なり小なり関わった最新の古地震調査結果に基づいている。

第2部では質疑応答形式で、様々な質問に答えている。私の所属する産業技術総合研究所や地震調査研究推進本部の説明から、地震や津波に関する最新の情報、海外での調査結果などにも触れている。

なお、本書で扱っている多くの研究成果は、もちろん私一人の成果ではなく、世界に誇れる優秀なチーム員たちと、それを指揮してきたセンター長によって成り立っているということを強調しておきたい。地震後、私はチーム長という立場上、チームのスポークスマン的に多くの取材に対応し、私ばかりが目立つような存在になってしまったが、実際には、貞観地震の津波堆積物に関する成果のほとんどは澤井祐紀主任研究員の努力によるものであるし、津波シミュレーションは行谷佑一研究員が行っている。また、長年チームを引っ張ってきたのは岡村センター長である。私はこのような素晴らしい研究環境にいることを幸せに思うし、その一員であることを誇りに思いたい。今後もこのチームから多くの研究成果をあげ、その成果普及で一人でも多くの命を救えたらと願っている。本書がその目的の一端を担えれば幸いである。

２０１１年８月

宍倉正展

目次

第2章　北海道太平洋沿岸も危ない！

第3章　関東に大地震は来るのか!?

第４章　東海大地震は必ず来る

第2部　著者に聞く「調査・研究の最前線」

第1部
地震予測編

第1章
東日本大震災はなぜ起きたのか

私たちの研究チームは巨大津波を伴う地震を予測していた

そのとき私は、勤務先の独立行政法人産業技術総合研究所（茨城県つくば市）の図書室にいた。激しい揺れに書棚が倒れ、書籍が雪崩《なだれ》のように落ちてきた。身の危険を感じ、すぐ近くのテーブルの下に身を潜めた。

大きい。そして長い。

「これは、大変なことになるかもしれない」

私は、揺れへの恐怖よりも震源地とその規模が気になった。なんとか書棚の下敷きになるのを免れ、避難すると、すぐに携帯通信端末の画面を叩き、米国地質調査所のサイトを食い入るようにして見た。こんなときは気象庁よりも米国地質調査所の方が信頼できる。暫定マグニチュード8・8、地図上の震源を示すマークは宮城県沖。全身から血の気が引いていき、戦慄《せんりつ》が走った。

「貞観の再来だ。津波、巨大津波が来る」

私は大声で叫んでいた。

すべての建物が停電し、ほどなくして通信端末の電波も途絶えた。情報がない。だが今この瞬間、巨大津波が海を伝い、沿岸に迫っているに違いない。いったい現地はどうなっているのか？

つくばねの美しい山並みが見える窓の外の景色は、ふだんであれば私たち研究者を癒してくれるが、今はそれどころではない。

「逃げてくれ、いますぐに。高台へ、すぐに逃げてくれ」

窓の外に向かって、私はただ祈るしかすべがなかった。


２０１１年３月11日午後２時46分頃、東北地方の太平洋沖を震源として発生した大地震は、まもなく気象庁によって「２０１１年東北地方太平洋沖地震」と命名され、それに伴う災害は「東日本大震災」と称されるようになった。のちに地震の規模もマグニチュード（M）９・０に訂正された。この国内観測史上最大規模の地震は２万人以上の死者や行方不明者を出したが、そのなかの多くの人が大津波の犠牲になった。その第一報に触れたとき、私の胸の中は後悔の念でいっぱいになり、激しく痛んだ。

なぜなら、私たちの研究チームは昨年（２０１０年）までに、宮城県や福島県で過去に巨大津波が押し寄せていた事実と、それが今回と同じ日本海溝沿いのプレート境界を震源とした地震であったことを調べ上げ、文部科学省に報告していたからである。そして昨年8月、私の所属する活断層・地震研究センターの広報誌で「宮城県〜福島県沖で巨大津波を伴う地震がいつ起きてもおかしくない」と述べていた。さらに今年の3月23日には、地震調査研究推進本部の事務局の人たちとともに福島県庁に出向き、自ら大津波襲来の危険性を説明する予定だったのだ。

地震調査研究推進本部とは、地震の長期的な発生確率などを評価し、公表している政府の機関である。その評価結果は、自治体などにおける防災対策の指針の一つとなっており、２００２年に、今回の地震の震源にもなった日本海溝沿いの地震の長期評価を公表していた。そこには今回のような巨大津波を伴う地震は想定されていなかったが、実は昨年から、その評価を見直し、我々の研究チームの成果も取り入れて改訂を行うために、審議を重ね、この4月に改めて公表する予定だったのである。

福島県への訪問はその事前説明の意味があった。さらに私の研究チームでも独自に、地域住民の方々に向け、過去に巨大津波で一帯が浸水していた事実と将来の津波のリスクをより多くの人々に理解してもらうため「津波浸水履歴地図」を作成し、無料配布することを以前から計画していた。

ところが、大地震はその矢先に起きてしまった。いつ起きてもおかしくない地震ではあったが、何故今このタイミングで起きてしまったのか、せめて数年先、いや、４月の公表まで待ってくれれば、その危険性を訴えることで一人でも多くの人の命を救えたかもしれない。しかし、地震は無情にも容赦なく発生した。地震直後のニュースを見ると、地震が発生したあとも内陸部にいた人は、まさか津波が自分たちのところまで押し寄せて来るとは思わず、着替えたり電話をしたりして時間をつぶしていた人たちがいた。あるいはまた、逃げるどころか津波の到来を見に海辺に出かけた人もいたという。そんな状況はまさに、私たちが恐れ、以前から警告していたものだった。

実は、私の３月23日の福島県への説明を前に、地震調査研究推進本部事務局の関係者のみで宮城県庁に赴き、将来の巨大津波襲来の可能性を説明していた。ところが、関係者らの反応は鈍かったという。おそらく「500年か1000年に一度起きる大地震」と言われても、そんなに長い間隔の地震にはどう対策を立てたらよいかわからなかったのではないだろうか。

そこで、直接、研究者自身が出向いて説明しなくては自治体に理解させることはできないということになり、私が行くことになったのだ。自分が行く以上、地震対策、津波対策の必要性を絶対に理解してもらおう。そう決意していた。その意気込みは私自身の過去の苦い経験に基づいている。かつてある自治体に現地調査の協力を依頼しに行った際、我々の研究の趣旨や将来の巨大津波対策の重要性をうまく説明できず、逆に「お宅らの研究は迷惑だ」と言われてしまったことがある。

実際には我々の調査に対して非常に協力的であったのだが、当時としては財政難の中で、いつ来るかも分からない巨大津波の対策と言われても、というのは多くの自治体関係者にとっての本音だったであろう。本当はそこで我々研究者や専門家が知恵を絞って、対策をうまく説明していかなければならなかったのだが、間に合わなかったのである。

「まったく何の備えもない状況で津波が来たものだから、どうしようもなかった。

津波が来るというのがわかっていたら、何らかの対応ができたのだが……」という被災者の声を耳にするたびに、研究者として申し訳ない気持ちでいっぱいになった。地震の発生があと少し遅れてくれたら……。救えたはずの命を救えなかった悔しさ。大震災直後の私は、非常に残念で、非常に悔しい思いで胸が張り裂けそうだった。

美しい田園風景を一瞬にして奪った津波の猛威

それでは、今回の大地震と大津波がなぜ発生したのか、また、私たちの研究チームがなぜそれを予測することができたのか、できるだけわかりやすく説明しよう。

地震には、大きく分けて「内陸直下型地震」と「海溝型地震」がある。内陸直下型地震は「地殻内地震」といわれ、日本列島を載せている大陸プレートの内部で起こる活断層の地震だ。一方の海溝型地震は「プレート間地震」といわれ、大陸プレートと海洋プレートがこすれ合うことで発生する地震である。このほか沈み込んだ海洋プレート内部で起こる「スラブ内地震」というのもある。

地震の規模は、一般に内陸直下型地震より海溝型地震のほうが大きい。しかし、内陸直下型地震の規模は小さいといっても、我々の住む大地のすぐ下に震源があるので、揺れの被害が大きいのが特徴だ。一方、海溝型地震の特徴は、津波を伴うことが多いこと。地震の発生する間隔は、内陸直下型地震は数百～数千年間隔（場合によって数万年間隔）、海溝型地震は数十〜数百年間隔と見られている。

今回起きた東日本大震災の地震は海溝型地震であり、津波、それも未曾有《みぞう》の大津波を伴った。各機関が調査した津波高（津波の高さ）をまとめたものを見ると、三陸地方を襲った津波高が非常に高い。宮城県や福島県の沿岸でもこれまで知られていなかった10メートルを超える津波があった。今回の地震のあと、私も被災地に行き、人々の生活と美しい田園風景を一瞬にして奪った津波の猛威を目の当たりにした。被災地のひとつ宮城県山元町水神沼周辺は、渡り鳥がやってくる水も景色もきれいなところだったが、津波によって茶色い大地になってしまっていた。

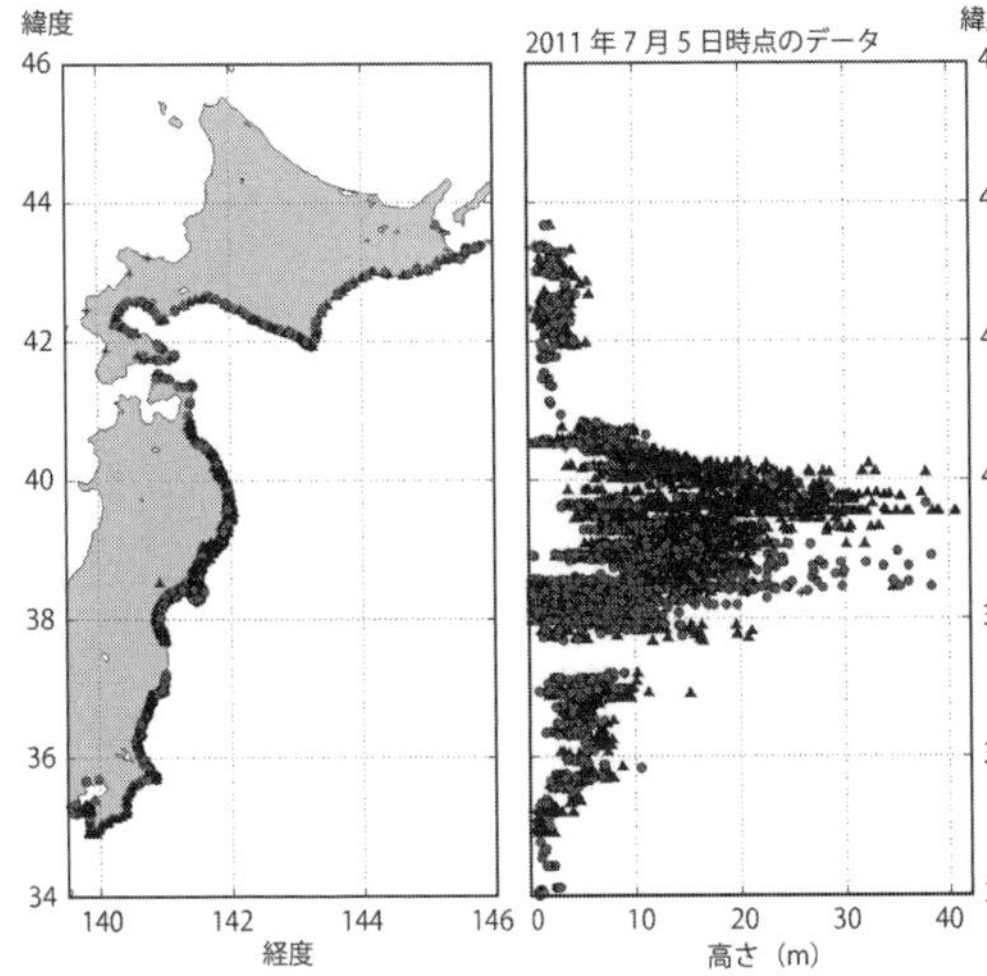

2011年 東北地方太平洋沖地震における津波の高さ

（東北地方太平洋沖地震津波合同調査グループによるデータ）

東日本大震災の津波による景観の変化

宮城県山元町水神沼周辺。津波前は美しい田園風景だった（上）
津波後は茶色の大地に（下）

最新の研究でも地震の正確な予測は非常に難しいのが実情

東日本大震災の直後、被災者のみならず国民の間に、「今回の地震や津波を専門家は予測できなかったのか。いったい何のために研究をしているんだ」という憤り《いきどおり》に近い不満の声があったと聞いている。私自身も専門家、研究者の一人として、より具体的に地震や津波の襲来を予測し、危険地域の人々に一時も早く警告したいと常々思っているだけに、こうした被災者や国民の声は正直、耳に痛い。しかし、弁解するわけではないが、現在の最新の研究成果をもってしても、地震の正確な予測は非常に難しいというのが実情なのだ。

地震の予測には、①いつ、②どこで、③どれくらい、の三要素が必要である。このなかで、①の「いつ」が一番難しい。特に短期予測、つまり、国民の誰もが期待する直前予知はほとんどできていないのが現状だ。私自身、今回の規模の地震と津波が「いつ起きてもおかしくない」と予測はしたものの、それが今日なのか明日なのか、10年先なのかまではわからなかった。実は、震災当日の3月11日の2日前、3月9日に三陸沖でM7・3の地震があり、それが本震の前に起こる「前震」だったといわれているが、それもあとから「今になって思えば……」というもので、3月9日の時点で「これは前震だから、すぐに本震が来るぞ」というのはなかなか難しい。もし、3月9日の地震を前震だと言った人がいたとしても、どれだけの人がそれを信じることができただろうか。

②の「どこで」は、比較的容易だ。海溝や陸上の活断層など地形からある程度判別できるのと、各種の観測によって、地震の起きやすい場所はおおよそわかる。日本列島には多数の活断層があり、そこはかつて地震が起こり、今後も地震が起こりうる場所である。また最近はGPSなどの観測によって地殻のひずみがたまっている場所もおおよそわかっており、地震が起きやすい場所がわかるのだ。

危険地域がどの辺りかは比較的容易に指摘できる

意外と難しいのが、③の「どれくらい」である。今回の大震災の直後、多くの専門家が「想定外」という言葉を口にしたが、その理由もここにあった。人は、これまでにあったことはまた起きると思い、これまでなかったことはこれからも起きないと思いがちだ。今回の地震も同様で、これまでM９・０以上の規模の地震などなかったのだから、そんな大地震が来ることなど想定していなかった。だから、今回の地震は「想定外」なのである。つまり、「どこで」がある程度わかっていても「どれくらい」を予測するのは、はるかに難しいのだ。

実際、東北地方太平洋沖の地震については、どの辺りで起きそうかある程度はわかっていた。29ページの図のように、明治時代頃からあとの東北地方に発生した地震がどの辺りを震源域としたかはわかっている。だから、その辺りが危険地域であることは比較的容易に指摘できる。事実、地震調査研究推進本部では、これまでの研究成果に基づき、今後30年以内の地震の発生確率を公表していたが、今回の地震の震源の一部である宮城県沖については99％としていた。ほぼ確実に起こるとされ、きちんと予測していたのだ。

予測した地震の規模はM7・5、平均発生間隔は37年。この場所では1978年に「宮城県沖地震」が発生し、その規模はM7・4。歴史的に、その場所で同規模の地震が起きたのは、前回が1936年（M7・4）、その前が1897年（M7・4）なので、この場所では約40年間隔でくり返しM7・5程度の地震が起きているということがわかっていた。つまり、前の地震（1978年）から30年以上経っているので、99％の確率で起こるだろうと予測したわけである。

ところが、明治時代頃からあとの東北地方に発生した地震は、どれもM7〜8の地震なのだ。しかも、三陸地方は「津波の常襲地帯」といわれるほど津波が多いが、宮城県から福島、茨城県にかけては、大きな津波が襲ったことがほとんどない。1978年の宮城県沖地震のときも、津波はほとんどなく、2メートルに満たない津波しかなかった。福島県沖でも、宮城県沖と同様、津波はほとんど起きなかったといわれている。少し歴史を遡《さかのぼ》れば、1611年に「慶長三陸地震」、1677年

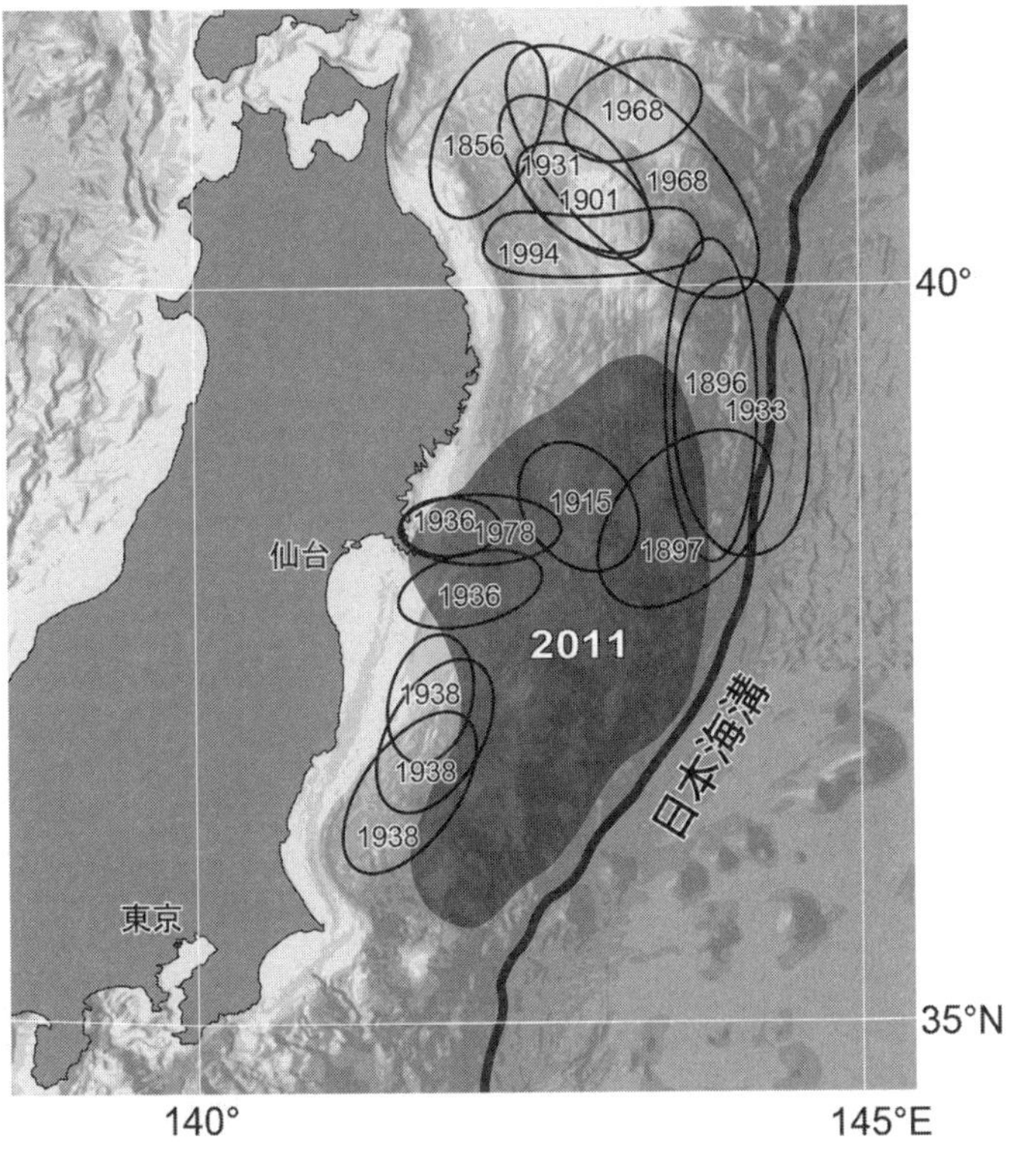

東北地方太平洋沖におけるおもな地震の震源の位置

楕円の位置は地震調査研究推進本部(2009)による歴史上判明している震源の位置。2011年 東北地方太平洋沖地震の震源域は Ozawa et al.(2011)が示したすべり量４m以上の範囲で、濃色で示してあるに「延宝地震」というのがあり、これらの沿岸にも高めの津波が来たといわれているが、詳細はまだわかっておらず、今回ほどの高い津波は推定されていない。

だから、宮城県沖や福島県沖では、これからも被害を出すほどの津波は起こらない、そう考えられていた。つまり、これらの地域では、大津波を伴うような大きな地震の存在を知らなかったので、同じ規模以上の地震は今後も起きないと見られていたのである。

大地震・大津波を予測したことから「古地震学」も一般に知られるようになった

ところが、今回の地震は震源域の範囲が広く、地震の規模はＭ９・０。宮城県の仙台地方などには10メートルを超える津波が襲来したが、過去にそんな巨大津波があったことなどは知られていなかったので、「想定外」の津波になった。

巨大津波は、２００４年に起きたスマトラ沖地震のときも多くの人命を奪ったように、地球上で最も恐ろしい自然災害の一つだ。その巨大津波から人命を守るには、「備えあれば憂いなし」の言葉どおり、津波の襲来を予測し対策を講じる「備え」が欠かせない。

では、どうすればよいか。津波の襲来を予測するには、過去に同じ震源でどれくらいの規模の地震・津波が起こったかを知る必要がある。しかも、巨大地震になればなるほど発生間隔が長くなるので、どれだけ過去に遡れるかが問われる。そうなると、過去数千年ぐらいまで遡って探る必要がある。しかし、地震計が設置されたのが明治時代の中頃であり、器械による地震や津波の観測記録は、明治時代以降のわずか100年あまりしかない。それより以前の地震や津波の発生は古文書の記録などを探るしかないのだが、江戸時代より前の記録は非常に乏しい。

ところが、歴史記録にも残らないような遠い過去に発生した地震や津波を調査・研究するための有効な方法があるのだ。それが、私たち研究チームが携わっている「古地震学」である。「古地震」という用語を初めて耳にする人もいるかもしれないが、古地震学とはその名のとおり「古い地震」を取り扱うもので、地形や地層、化石など自然に残された過去の地震の痕跡《こんせき》を見つけ、その地震がいつ、どこで、どれくらいの規模で生じたかを解明することをめざす比較的新しい学問分野だ。

地震の研究といえば、器械観測で地震の波形を解析する手法が主流であり、古地震学は正直、これまで注目されることが少なかった。この分野の先駆者であり、カリフォルニア工科大学教授を経て現在シンガポール地球科学研究所の所長を務めているケリー・シー博士は、「古地震の研究に携わっている少数の研究者の意見は、通常、無視される運命にある」と語っているほどだ。しかし、皮肉にも今回の大震災によって「大地震・大津波を予測した研究チーム」としてマスコミに取り上げられたことから、古地震学は一般の人たちにも知られるようになってきたようである。

地震後、「今まで宍倉さんたちの研究結果を眉唾《まゆつば》だと思っていた」と正直に告白してくれた（主流派の）地震学者もいる。

浸水範囲を津波堆積物の調査から復元し、過去の地震の規模を解明

それでは私たちの研究チームはどのようにして今回の巨大地震と巨大津波が起こりうることを予見できたのかを説明することにしよう。実は、そのヒントは巨大津波自身が、地層の中に残していたのである。

「津波堆積物《たいせき》」という言葉をご存じだろうか？　今や政府の中央防災会議などでもその重要性が扱われるぐらいに、今回の津波で一躍有名になった、地層に残る過去の津波の痕跡である。広い意味で言えば、津波によって本来の場所とは異なる位置に運ばれた物質はすべて「津波堆積物」なので、たとえば今回の津波で生じた多くの瓦礫《がれき》も津波堆積物である。しかし我々が扱うのは、おもに砂からなる地層である。

日本列島の沿岸平野は今でこそ開発が進み、水田が広がっているが、かつては干潟《ひがた》や湿原であり、そこには植物の遺骸などからなる泥炭や泥がゆっくりたまり続けてきた。東日本大震災の時のような大津波が海岸に押し寄せると、標高の低い平

野は一面が浸水し、海岸から遠く離れた内陸の奥深くまで到達する。その際、津波は海岸付近の土砂を侵食して運び、平野に堆積させる。こうして堆積し、地層として保存された土砂が我々の扱う「津波堆積物」である。

今、陸上での津波堆積物の分布する範囲を調べれば、過去の津波がどこまで到達したかがわかる。また、津波堆積物やその上下の地層の年代を測れば、発生時期も推定できる。さらに、津波堆積物は何層もくり返し積み重なっていることがあるので、それを調べることで津波が襲来した間隔を知ることもできるのだ。

たとえば、写真下は南米チリの海岸近くの牧場で観測した地層である。表面の土が現在の土壌であり、その下の砂の層が１９６０年のチリ地震のときに堆積した津波堆積物だ。その直下の土壌は１９６０年当時の地表であり、その下にまた砂の層がある。これは、さらに４００年ぐらい前に堆積したもので、１５７５年に大津波があったという歴史的記録がある。このように土壌と砂層が交互に重なり縞《しま》模様になっており、砂の層の部分は津波が来たことを示している。そして、歴史記録はないが、津波堆積物の解析から３００年から４００年ぐらいの間隔で１９６０年チリ地震と同様の大津波がくり返し起きていることがわかるのだ。つまり前回の大津波からまだ50年しか経過していないので、しばらくは同規模の津波が同じ震源から起こる可能性は低いと言える。

このように、古地震学では過去の地震（津波）の痕跡を調べることで、次の地震（津

宮城県山元町で観察された2011年 東北地方太平洋沖地震における津波堆積物（上）
チリ中南部の湿地で観察された、くり返す津波堆積物の積み重なり〔Cisternas et al.(2005)による〕（下）

波）が起こる時期を予測しようとするが、今回の東日本大震災の大津波を我々が予測するにあたって重要な鍵となったのが、「貞観地震」という平安時代の地震である。西暦８６９年（貞観11年）に起きたこの大地震について、六国史の一つ『日本三代実録』は次のように記している。

「貞観11年5月26日、陸奥の国で地面が大きく揺れた。海では獣の吼《ほ》えるような音が聞こえ、大津波が陸地を襲った」

その他、次のような記述もある。

「しばらくの間、人が立つことができなかった」

「家が倒されて圧《お》されて死んだ」

「城郭倉庫や門櫓障壁が崩れた」

「波が湧き上がり、城下に至った」

「原野も道もすべて海となった」

「溺れ死んだものが１０００人ほど」

そこに記された惨状は、まさに今回の大震災で被災地の人々が目にしたものと同じである。「すべて海となった」という表現があることから、今回の津波襲来後と同じような光景が広がっていたことが推測できる。実際の津波の浸水範囲は文章からは測定することはできないが、かなりの大津波だったに違いない。その浸水範囲を津波堆積物の調査から復元し、震源の規模を解明してやろうというわけである。

廿六日（貞観十一年五月）
陸奥國地大震動、流光如晝隠映、頃之、人民叫呼、伏不能起、或屋仆壓死、或地裂埋殪、馬牛駭奔、或相昇踏、城〻倉庫、門櫓墻壁、頽落顛覆、不知其數、海口哮吼、聲似雷霆、驚濤涌潮、泝〻漲長、忽至城下、去海數十百里、浩々不弁其涯〻、原野道路、惣為滄溟、乘船不遑、登山難及、溺死者千許、

『日本三代実録』（六国史の一つ）

地道な掘削調査により過去の津波がいつ起きたのか推測できる

我々が貞観地震の研究に着手したのは、２００４年のことである。当時、北海道東部の調査（次章で説明）で成果を上げてきたので、次のターゲットとして着目したのが東北地方だったのである。

実は貞観地震に関する古地震学的な研究は、我々が初めてではない。最初に貞観地震の津波堆積物を発見したのは東北大学教授の箕浦幸治氏らで、20年も前のことである。ほぼ同時期に、なんと東北電力女川原子力発電所の職員(当時)も貞観地震の津波堆積物について調査し、地震学会誌上で論文を発表している。だがいずれも調査地点が限られており、震源の推定も十分に行われてはいなかった。そこで我々は、より広範囲で高密度なデータ取得により、地盤の変動なども含めた、より精度の高い震源断層の推定と、過去の津波の発生時期と再来間隔の解明を目指し、調査を行うことにした。

ちょうど平成17年度から21年度にかけて、文部科学省の委託を受けて東北大学が中心となったプロジェクト「宮城県沖地震における重点的調査観測」が実施され、その一環として産業技術総合研究所も加わり、活断層・地震研究センターの岡村行信センター長の指揮の下、津波堆積物に関する調査を行うことができた。この調査は、当研究チームの澤井祐紀主任研究員が中心になり、まずは仙台平野で進められ、私は石巻平野を重点的に調査した。その後、福島県の沿岸まで調査範囲を広げている。

我々の調査はどのように行うかというと、津波堆積物を観察するにはまず穴を掘らなければならない。掘削には、おもに人力で扱う掘削の器械を使う。一人でも扱えるハンドコアラーという鋼鉄製の半割パイプのような道具を用いたり、ハンディジオスライサーというステンレス製の箱状の長い板を、電動バイブレータを用いて2~3人がかりで地中に押し込んだりする。いずれにしても体力勝負の仕事で、このようにして多数の地点で地道に穴を掘っていくのだ。

ところが、仙台平野や石巻平野の辺りはほとんどが田んぼのため、当然のことながら、地主の許可が必要になってくる。そのため、調査を始めるには、まず地主が誰なのかを調べなければならない。そこで市役所や法務局に通い詰めて田んぼの地番とその所有者の情報を得る。地主がわかると、実際にそのお宅に訪問し、挨拶を済ませ、研究内容をしっかりと説明する。こうしてようやく許可をいただけるのだ。もちろんすんなり許可をくれず、説明をする前に門前払いを食らったり、説教をされたりすることもある。これを何百回とくり返し行うので、それだけでもかなりの時間を使うし、精神的にもきつい。だから、私たちのなかでは、「地主さんの許可を得た時点で、調査は半分終わったようなものだ」と言っているほどである。

さて、無事に地主の許可を得て掘削調査を行い、地下１～２メートルの地層を採取・観察すると、写真のような断面を見ることができる。この地域の田んぼで穴を掘ると、基本的には「泥炭質シルト」と呼ばれる土壌が見られる。ところが、この断面を見るとわかるように、泥炭質シルトの中に２枚の地層が挟まっている。上の層は火山灰で、下の層は砂の層である。火山灰は、成分を分析することで、その給源となった火山がおおよそわかる。東北地方では、西暦９１５年に十和田火山から噴出した火山灰に広く覆われていることが知られており、どうやらそれに特定できそうである。これは十和田ａテフラ（To-a テフラ）と呼ばれている。問題は下の砂の層であるが、通常、泥炭質シルトがたまるような場所は穏やかな環境である。そこに砂があるということは、なにか突発的な強い水の流れが生じ、砂が運ばれないと、砂の層は形成されない。強い水の流れ、大きな水の動き、つまり、津波があったことが推測できるのだ。

単に強い水の流れであれば、洪水による河川の氾濫《はんらん》でも良いかもしれないが、その砂をさらに詳しく分析していくと、海由来の化石が含まれていたりするので、川の上流からではなく、海から来たことがわかる。また、海由来なら台風など高潮だってありうるが、それでは海岸線から遠く離れた内陸部まで浸水させるほどのエネルギーはない。というわけで、砂を運んだ原因は津波が最も有力になるわけである。

では、その津波がいつ起きたのか？　この砂の層の直上には十和田ａテフラが積もっている。この十和田ａテフラは西暦９１５年に噴出しているので、津波はそれより少し前に起きたものと考えられ、８６９年の貞観地震による津波と推測できるのだ。

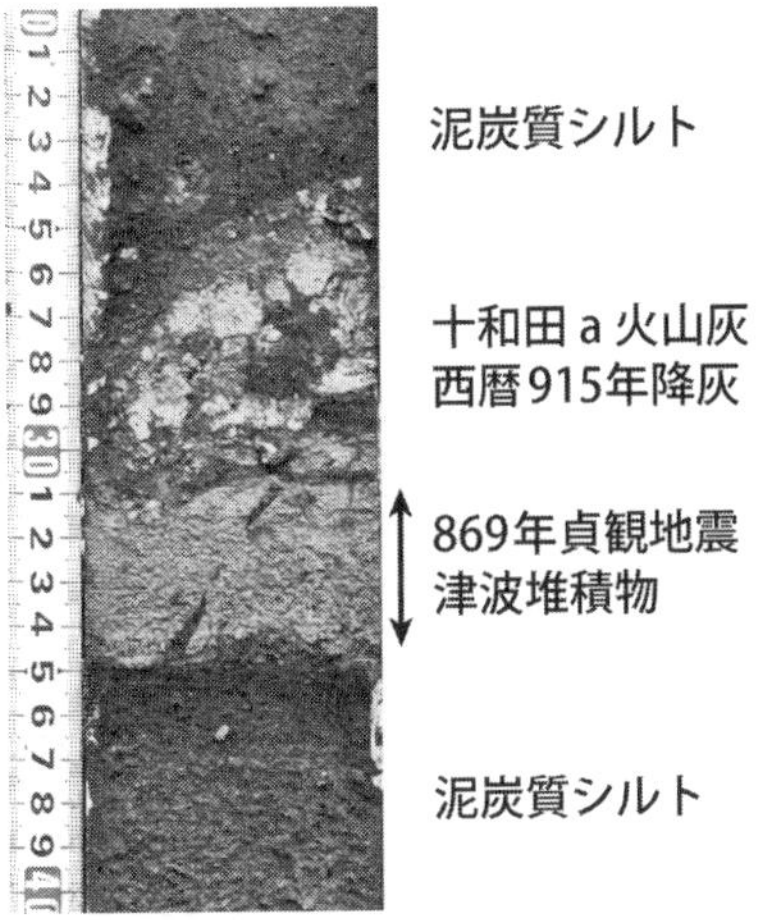

貞観地震の津波堆積物の採取・観察

泥炭質シルトの中に２枚の地層が挟まっている。上の層は火山灰（十和田aテフラ）で下の層は砂の層（貞観地震の津波堆積物）である（上）
掘削調査を経て、地下１～２メートルの地層を採取・観察する（下）

500〜1000年程度の間隔で過去にくり返し津波が起きていたことがわかった

このような地層をいろいろな場所で探していった結果、46ページの図の黒丸で示されたところが貞観地震の津波堆積物が見つかった場所である。灰丸も同じ貞観地震の津波堆積物が見つかった場所だが、信頼度が黒丸の場所より下がるため色分けをしている。もちろん、図に示した各測線の端と端の2点だけで津波堆積物が見つかったわけではない。両端の2点の間でもたくさんの津波堆積物が見つかっている。もっとも陸側の地点は、少なくともそこまで津波が来た証拠になる。

こうして津波堆積物の調査をすることで貞観地震によって起きた大津波が陸地のどの範囲まで浸水したか、浸水域を推定することができる。また、過去の津波浸水域が明らかになれば、波源（津波の発生源）となった海底断層の位置や規模を推定することも可能になり、しいては将来の津波浸水域を予測することもできるようになる。そうなれば、防災対策に活かすこともできるわけだが、実は、津波堆積物を調査し確認していくだけでは、浸水域を正確に復元することはできない。そのためには、もう一つ、津波襲来時の海岸線の位置を明らかにする必要があった。

仙台平野や石巻平野のような平野は、古来、常に一定の海岸線であったわけではない。恐らく縄文時代前期の６０００年前頃には、海岸線はもっとずっと内陸奥にあったと考えられている。これは氷河期が終わり、地球が温暖化して海面が上昇したピークが６０００年前頃にあったためで、縄文海進と呼ばれ、日本列島の多くの平野部で起きていた現象である。その後、海面自体の若干《じゃっかん》の低下と、河川が運んでくる土砂によってだんだん平野が埋まっていき、海岸線が海側へと徐々に移動していった。貞観地震のあった１１００年前では、海岸線は現在よりも１キロぐらい内陸にあったと推定される。今回の調査で３～４キロぐらいまでは内陸に貞観地震の津波堆積物が見つかっているので、当時の浸水範囲が推測できる。

こうした情報に基づいて、そこからどのような断層だったかを推定していくのだが、これはもう試行錯誤を重ねて考えるしかない。

震源断層の推定は、通常であれば地震波形のデータなどに基づいて直接、位置や形状を推定するが、波形データのない貞観地震に関しては、堆積物から復元した津波の浸水域のデータが頼りである。とりあえず、思いつく断層を沖合に設定し、それから長さや幅や位置を変えて様々なパターンを考える。そこからコンピューター上で模擬的に津波を発生させ、津波堆積物を検出した地点まで浸水するかどうかを確かめていくのである。この作業は計算に強くないと厳しい。私は数式を用いた理論計算は苦手なのだが、元産総研で東京大学地震研究所教授の佐竹健治氏は、この分野のパイオニアで、これまでも数々の世界的な業績を残しており、我々のチームの研究において、貞観地震の震源断層の推定にもあたっていただいた。その後、当研究チームに加わった行谷佑一研究員が引き継いで、現在

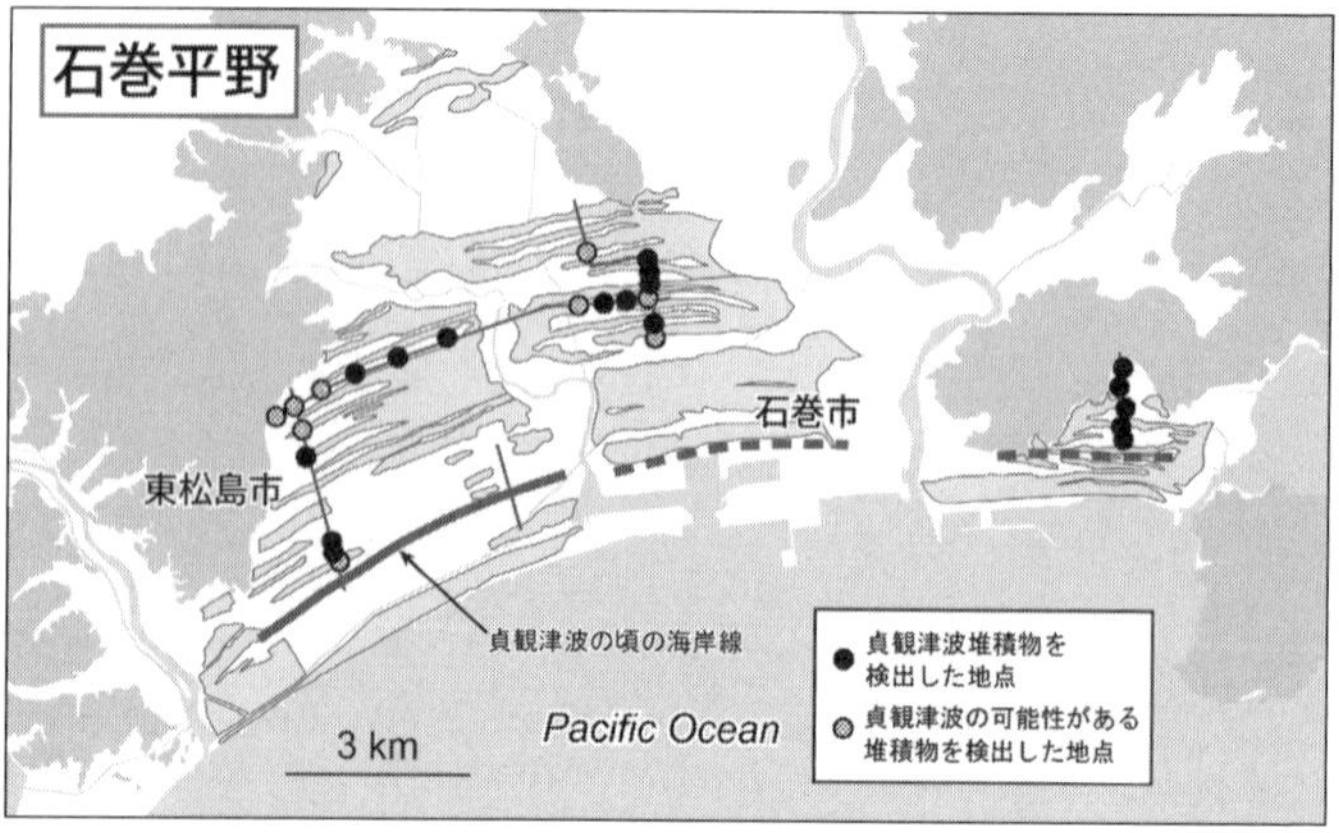

石巻平野における869年貞観地震の堆積物の分布〔宍倉ほか(2007)による〕

も震源断層の改良のため計算をしている。

今回は14パターンの断層を設定してどれが一番適するかを考えていった。その結果、現状で考え得る貞観地震の震源断層は、図のように、宮城県から福島県にかけての沖合の日本海溝沿いにおけるプレートの境界で、長さは少なくとも２００キロ、もしくはそれ以上の断層が動いた可能性があり、地震の規模がＭ８・４以上であったことも明らかになった。

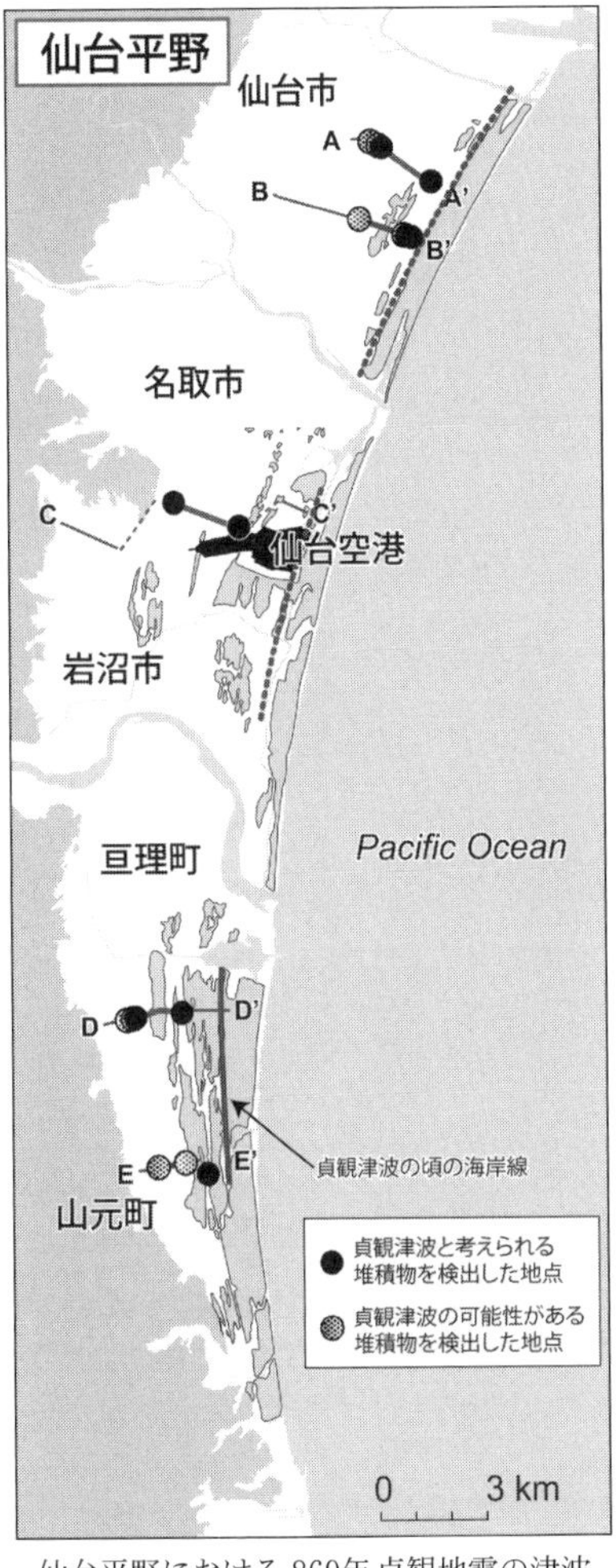

仙台平野における869年貞観地震の津波堆積物の分布〔澤井ほか(2007、2008)による〕

このようにして貞観地震の実態が明らかになってきたわけであるが、次に同様の地震はさらに過去にもあったのかどうか、あったとしたらそのくり返し間隔はどれくらいなのか、を解明していく必要がある。実は仙台平野や石巻平野での掘削調査では、もっと深く掘って地層を見ると、前述したチリ地震の痕跡のように、縞模様に地層が積み重なっていた。貞観地震よりも前に少なくとも2層、場所によってはさらにもう1、2層の津波堆積物と思われる地層が見つかり、それら1層1層の詳しい年代測定を行っていった結果、再来間隔は450～800年。おおまかに言って500～1000年程度の間隔で過去にくり返し津波が起きていたことがわかったのである。

実はさらに貞観地震より後にも、広域に影響を及ぼす津波が生じていた可能性が出てきた。まだ限られた地点でしか見つかっていないが、どうやら室町時代頃にも巨大津波があったかもしれない。しかし、いずれにしても500～1000年程度の間隔であることは間違いなく、前回が室町なら少なくとも500年、貞観なら1100年以上も時間が経過しており、巨大イベントのサイクルの満期にあったことは間違いない。

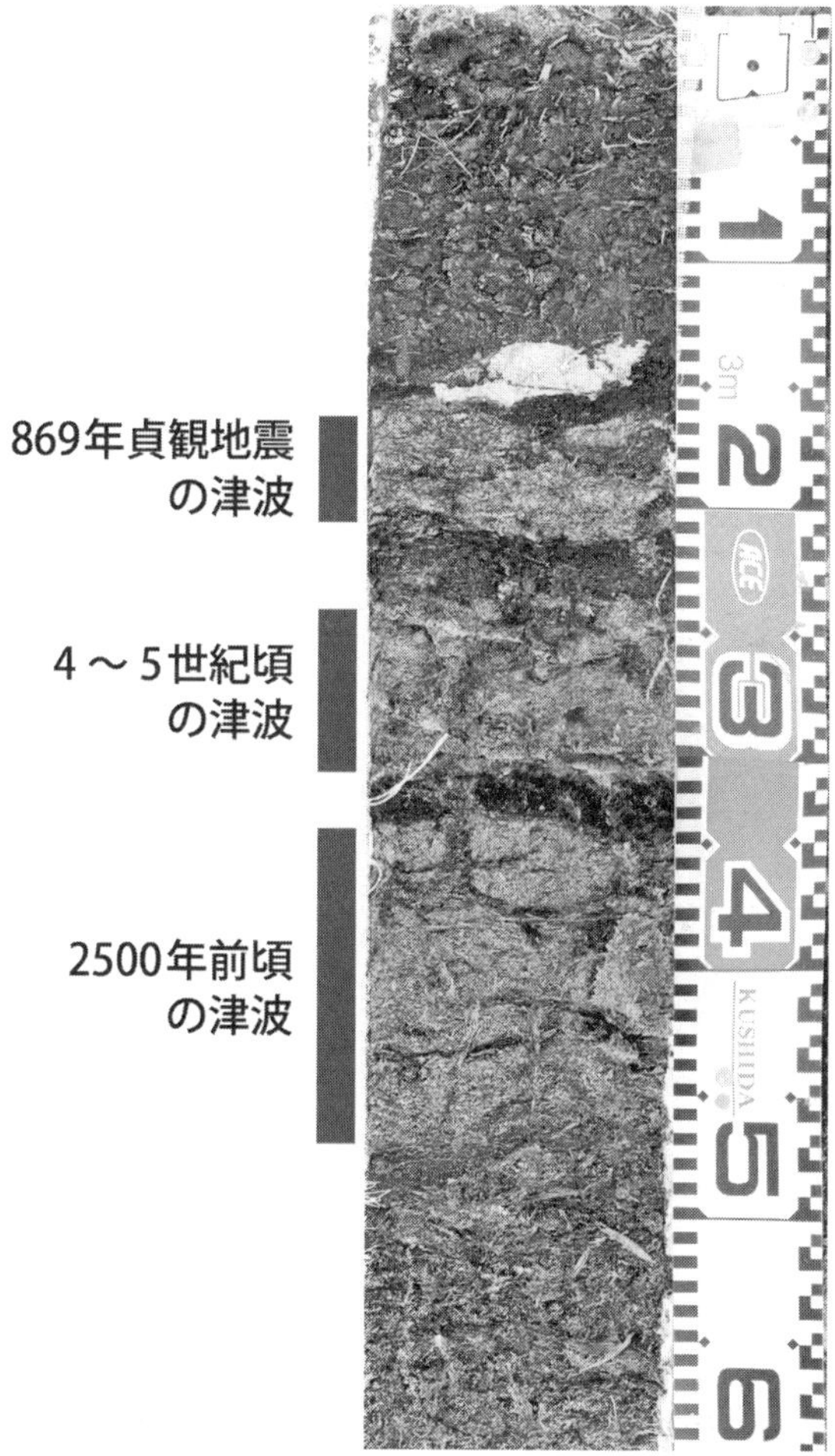

石巻平野で採取した試料で観察されるくり返し積み重なった津波堆積物。
巨大津波が500～1000年に一度の間隔で起きていたことがわかる

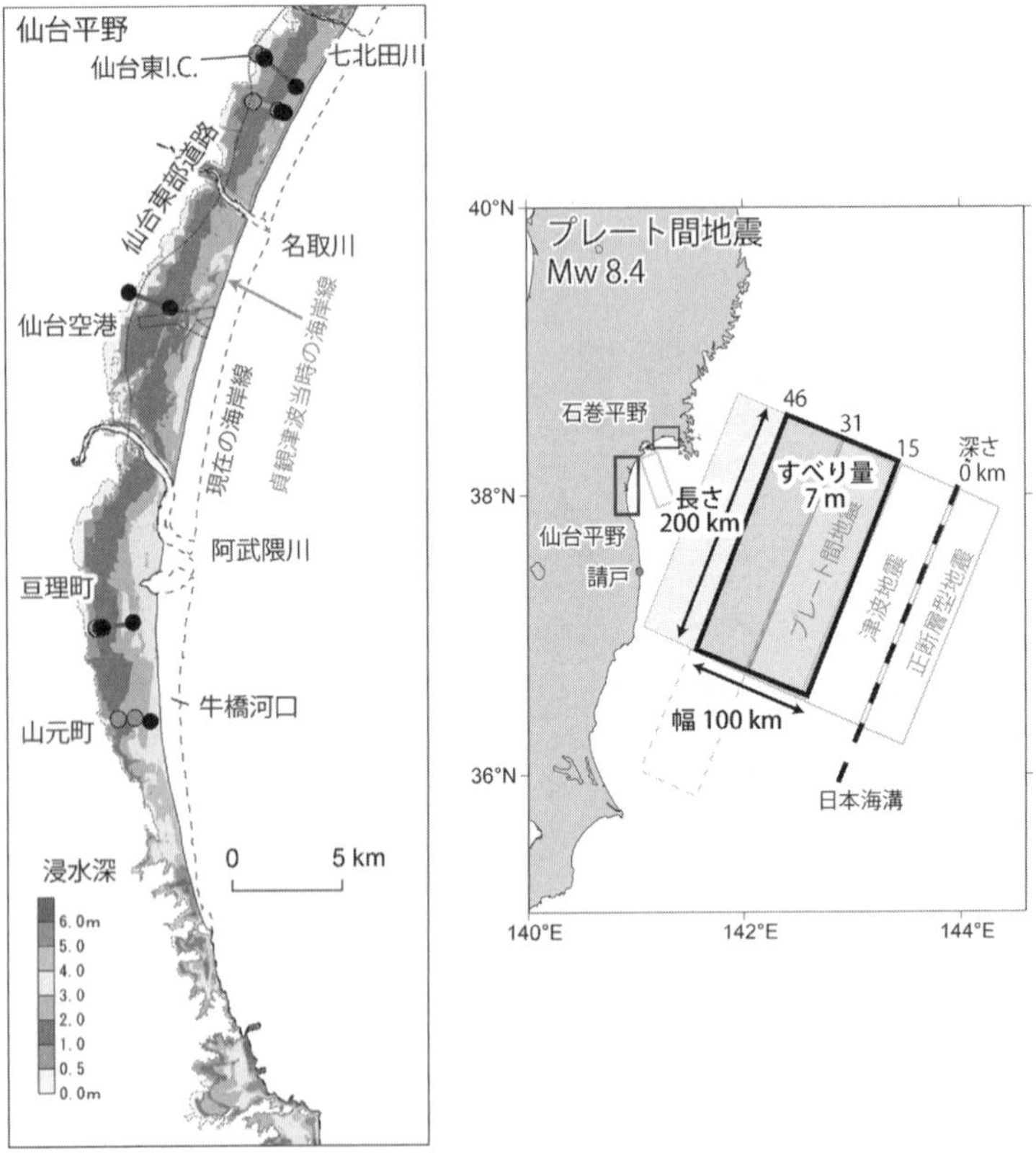

現状で考え得る貞観地震の断層モデル

右の図は検討に用いた断層モデルをすべて示しているが、最も適合するモデル〔行谷ほか、2010におけるmodel 10〕を太い枠で囲った。左の図はその断層モデルから計算された仙台平野における津波浸水域

今回の大地震は地質学的に予測された所に本当に地震が起きた世界初の例かもしれない

以上の調査結果から、私たちの研究チームは、宮城県沖から福島県沖では貞観地震と同規模の大きな地震がいつ起きてもおかしくなく、それに伴い大きな津波が押し寄せる、という結論に達したわけである。前述したように、その結論は報告書や広報誌などで発表し、地震調査研究本部の評価のなかにも貞観地震が盛り込まれることになった。その公表は４月の予定だった。ところが、その前に地震が起き、結局、この評価は公表されないままになってしまった。つまり、国、政府の地震調査研究本部からの公表があったあとに今回の地震が起きていれば、それは専門家や研究者にとって「想定外」とは言えなくなっていたわけである。

それはさておき、もしかすると今回の地震は、津波堆積物など地質学的証拠に基づいた過去の履歴から、地震が起こりうる場所と予測された所に本当に地震が起きた世界初めての例かもしれないのだ。

最近、実際に起きた地震、たとえば2004年のスマトラ沖地震のときに津波の被害を受けた場所には、地層に残るような津波堆積物がたまっていて、そこで穴を掘って調べてみると過去にも2004年と同じような地震があったことがわかる。チリでも前述のように、1960年の津波が来たところで調べてみると、過去に300〜400年の間隔で同様の地震が起きていたことがわかる。いずれも起きた後で調べたら、やっぱり過去にもあった、という確認でしかなかったが、そのような調査を地震が起こる前に行い、過去の津波の浸水範囲から震源断層まで解明し、同様の地震、津波が今後いつ来てもおかしくないという状況の中で、本当にやって来たのが、今回の地震だった。だからこそ今、古地震学が注目を受け始めているのだ。

古地震学において現在は過去を解く鍵、過去は未来を測る鍵である

ところで、貞観津波と今回の地震とはどのくらい類似点があったのだろうか。

地震後、関係各機関が、今回の地震に関する様々な震源断層モデルを発表しているが、それは我々の貞観地震の断層モデルよりも明らかに広く、大きい。それもそのはず、今回の震源域は三陸沖から茨城沖まで約５００キロにおよび、マグニチュードが９・０なのだから。ただしこれを見て、貞観より今回の地震の方がずっと大きい、と結論づけるのは早計である。貞観地震の断層モデルはあくまでも仙台平野、石巻平野、そして福島県沿岸での津波堆積物の調査結果に基づいたものである。

もし今後の調査で三陸海岸や茨城県沿岸で貞観地震の津波堆積物が発見されれば、それに応じた断層モデルを推定するので、断層の長さはより長く、マグニチュードもより大きくなるはずである。すなわち我々の貞観地震の断層モデルで示す長さ２００キロ、Ｍ８・４という数字は最低限の値であり、今後の調査次第で、今回の

地震と同規模の断層になる可能性が十分にあるのだ。

さらに津波の浸水規模を見ても、両者の差は決して大きくはないことがわかる。たとえば貞観地震の断層モデルで計算した浸水域と、国土地理院が公表した今回の津波の浸水域との比較をすると、その内陸側の浸水限界の位置は、驚くほどよく一致しているのだ。

ただし注意しなければならないのは、貞観と今回とで海岸線の位置が違うことである。貞観地震の頃の海岸線は、現在よりも約1キロメートルも内陸にあるのだから、海岸線からの到達距離という意味では、今回の方がより遠くまで浸水したことになる。すなわち見かけ上は今回の津波の方が大きいということになる。

だがここでさらに注意する必要がある。貞観の津波浸水域は、堆積物の分布に基づいて推定されているのに対し、今回の津波浸水域は、実際の水の浸水範囲を示しているということである。つまりそもそも比較の対象が異なるのだ。そこで、今回の津波によって運ばれた堆積物の分布を調べて、貞観のそれと比較しなければ、より正確な津波の浸水規模の比較はできないというわけである。

私たちの研究チームは、地震からおよそ1ヶ月経過した後に、ようやく仙台平野と石巻平野に訪れることができ、貞観の津波堆積物を見つけた場所と同じところで、今回の地震による津波堆積物の調査を行った。地震後すぐに現地に行かなかったのは、人命救助優先である被災地への配慮が、学界全体として取り決められていたからである。

さて、今回の地震による津波堆積物であるが、想像通り、いやそれ以上に、過去の津波堆積物と非常によく似た顔付きだった。基本的には海岸付近にあるものと同じ砂からなり、平野全体を広く覆っていた。津波堆積物の地層の厚さは、海岸から離れ

仙台市若林区で観察された2011年東北地方太平洋沖地震の津波堆積物。この地点は海岸から内陸へ2.8kmの位置にある

るにしたがって、どんどん薄くなっていく。これは津波のエネルギーの減衰と供給される土砂の減少によるもので、過去の津波堆積物の観察でもわかっていたことである。そして薄くなっていった地層が、いよいよもって認識できなくなる位置、それが津波堆積物の分布限界ということになる。

今回の津波堆積物の調査の結果、その分布は海岸線から3～4キロ内陸まで達していたが、津波の水自体はそこからさらに1～2キロ程度陸側まで到達していた。つまり貞観も今回も、津波堆積物の分布限界とで比べれば、結局は同程度の到達距離だったといえる。このことから、おおまかに見て貞観津波と今回の津波は同程度の浸水規模と推定できる。

しかし、場所により人工構造物の有無が大きく影響しており、同じ条件での正確な比較は難しいので、現時点で同じ規模と決めつけるのも早計である。大事なことは、今回の津波が、堆積物の分布限界よりもさらに1～2キロ程度陸側まで到達していたという事実である。つまり貞観地震の津波だって、おそらく我々が発見していた津波堆積物の分布限界から、実際はさらに1～2キロ程度陸側まで達していた可能性が高いということである。これを踏まえた上で、今後、断層モデルの改良も

仙台平野中北部における869年 貞観地震と
2011年 東北地方太平洋沖地震との津波浸水域の比較

砂質堆積物の到達距離で比較すれば、両者はほぼ同程度の津波の規模だったことがわかる検討していかなければならないだろう。三陸海岸や茨城県沿岸での津波堆積物調査ももちろん重要だが、仙台平野や石巻平野でのデータを見直すことで、貞観の断層モデルがこれまでよりも規模が大きくなり、より今回の地震に規模が近づいていくことになると思われる。

このように、古地震の調査、研究では、単に過去を探れば良いというわけではなく、現在起こっている現象も正確に捉える必要がある。これから起きる地震の規模を正確に予測するためには、今回の地震、津波に伴う現象をきちんと理解し、過去の事象の復元に役立てることが重要である。その一方で、過去数千年まで遡り、あらゆる自然の痕跡を広範囲で高密度に逃さず読み取ることももちろん必要になってくる。つまり、現在は過去を解く鍵、過去は未来を測る鍵であり、古地震の研究が一層重要になってくるのだ。

過去に大きな地震があれば、同規模の地震はおおよそ決まったくり返し間隔でやってくる

以上、述べてきたように、３月11日の東日本大震災を引き起こした巨大地震、巨大津波は、起こるべくして起きたものだった。私たちの研究チームは、貞観地震という古地震の調査・研究の結果、同規模の地震・津波が来る可能性の高さを指摘できたが、そのすべてを予測できたわけではない。私たちにしても、貞観が再来するとして、実際に今回の地震の震源域が、どのくらいの範囲にまで及ぶのかは特定できていなかった。

基本的に、海溝型の地震ではプレート同士の一部が固着していて、歪《ひず》みがたまり、その限界がくると発生する。一般に、そうした単発の震源が並んでいて、少しずつ地震が起きているが、何かの拍子で連動して地震が起きる。それが連動型地震だが、なぜ連動するのか。たまたま一致しているのか、それとも単発の震源とは別に長期にわたって歪みがたまっている部分があるのか。そこの部分はまだ解明されていな

い。そもそも連動型ではなく、今回のような大きな震源域そのものが基本単元であるという考え方もある。

このように、地震の予測は、まだ完全にできる段階にはない。国民の多くが期待するような「何月何日何時に、どこで、このくらいの地震が起きる」という予測をすることは、現状では難しい。仮に、その確率が高いと思っても、十分な裏付けがなくては簡単には公表できるものではない。

現状では、時期の予測は難しいが、古地震学的調査をしっかりやれば、規模の予測はある程度可能ではないかと思う。私たちの場合は、貞観地震の調査、研究に5年以上かけてデータを積み重ねていったため、ある程度自信をもって主張できたが、もし、まだ研究を始めて1、2年の段階だったら、躊躇《ちゅうちょ》していたかもしれない。研究者としては、ある程度研究成果に自信がもてないと公表することができないのだ。

実際、あとで研究成果が覆ることがよくある。そのくらい情報発信のあり方は非常に難しい。だから、一般の方も、「地震が来るのか、来ないのか」という地震予測だけに耳を傾けるのではなく、過去に大きな地震があれば、同じ規模の地震はおおよそ決まったくり返し間隔を経てやってくることを知っていただきたい。そして、直近の地震から経過年数が経てば経つほど、より地震の再来が切迫していくという意識をもっていただきたいのである。

第２章
北海道太平洋沿岸も危ない！

千島海溝にまた巨大地震が起きても決して不思議でない

東日本大震災が発生したあと、私が今、一番危機感を持っているのは北海道東部（太平洋沿岸）を襲う「千島海溝の地震」である。前章で述べた貞観地震の調査の前、産総研では、私が入所する前の90年代末頃から、七山太主任研究員らによって北海道東部で調査が行われていた。その結果、千島海溝における地震が切迫していることが判明していたのだ。

千島海溝は、東日本大震災の地震が起きた場所と同じように太平洋プレートが沈み込んだ場所だ。そこで、過去にM８クラスの地震がくり返し起きている。十勝沖では１８４３（天保14）年（M８・０）と１９５２（昭和27）年に「十勝沖地震」（M８・２）、根室沖では１８９４（明治27）年（M７・９）と１９７３（昭和48）年に「根室半島沖地震」（M７・４）が発生しており、それぞれの場所で50～１００年程度の間隔でくり返し地震が起きているのだ。

　また、近年では２００３（平成15）年にも十勝沖でＭ８・０の地震が起きている。あまり注目されていなかったが、ここは２００３年３月の時点で「向こう30年間に60％の確率で地震が起きるだろう」と予測されていた場所であり、そのちょうど半年後に、そこで本当に地震が発生した。地震研究調査推進本部の長期予測が的中した場所である。

　しかし、今ここにあげたのは19世紀以降の歴史上知られている大きな地震だけであり、それ以前にも千島海溝では大きな地震が発生

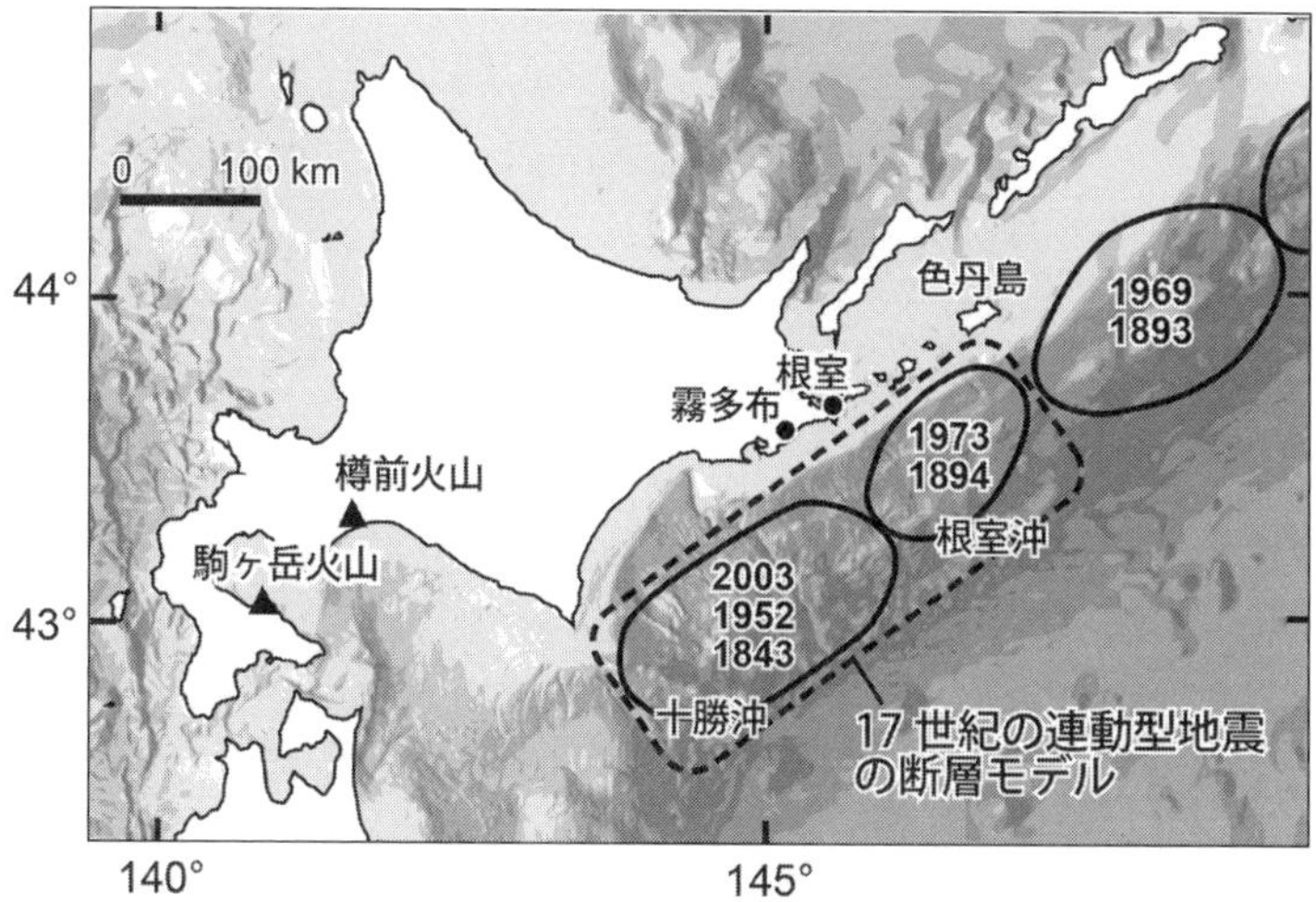

千島海溝沿いにおける歴史上の地震の震源域

していた。そこでは、東日本大震災の地震と同じく複数の震源が連動する（連動型地震）巨大地震が平均約４００年間隔で発生していることが、地質からわかっている。北海道東部では、古くから住むアイヌ民族が文字を持たなかったため、文書類による歴史記録が江戸時代後期以降しかない。このため、歴史地震との対応はできないが、直近のものでは17世紀に巨大地震が起きており、高さ10メートルを超える津波が襲来した。そのときの地震から約４００年経過した21世紀の今、千島海溝にまた巨大地震が起きても不思議でないのだ。

歴史上知られていない巨大地震・津波の存在が地質学上、明らかに！

前述したように、15〜16年前から産総研や北海道大学などによって行われている調査によって、北海道東部太平洋岸には歴史上知られていない巨大地震・津波が地質学的に発見されている。

１９５２年の十勝沖地震や１９６０年のチリ地震の津波が日本に押し寄せてきたときの浸水範囲を調べてみると、たとえば北海道浜中町にある霧多布《きりたっぷ》湿原周辺では、最も深いところでは1キロ以上内陸へ浸水していた。しかし、湿原で掘削調査すると、津波堆積物が十勝沖やチリの津波よりもずっと内陸奥まで分布していることがわかる。この津波堆積物は、貞観津波と同じように砂の層の直上に火山灰が重なっている。火山灰は3層も識別でき、それぞれが北海道西部の樽前火山や駒ヶ岳から噴出したものである。

これらの火山の噴火時期は、松前藩があった関係で歴史記録に残っており、古い方から順に１６６７年（樽前ｂ火山灰）、１６９４年（駒ヶ岳ｃ２火山灰）、１７３９年（樽前ａ火山灰）の噴火に特定されている。津波の砂の層がこれらの火山灰の直下にあることから17世紀に巨大地震・津波があったことが推定できる。また、この砂の層は当時の海岸線から２キロメートル以上も内陸奥まで続いているため、通常の地震の規模をはるかにしのぐ巨大地震・巨大津波があったことを示しているのだ。

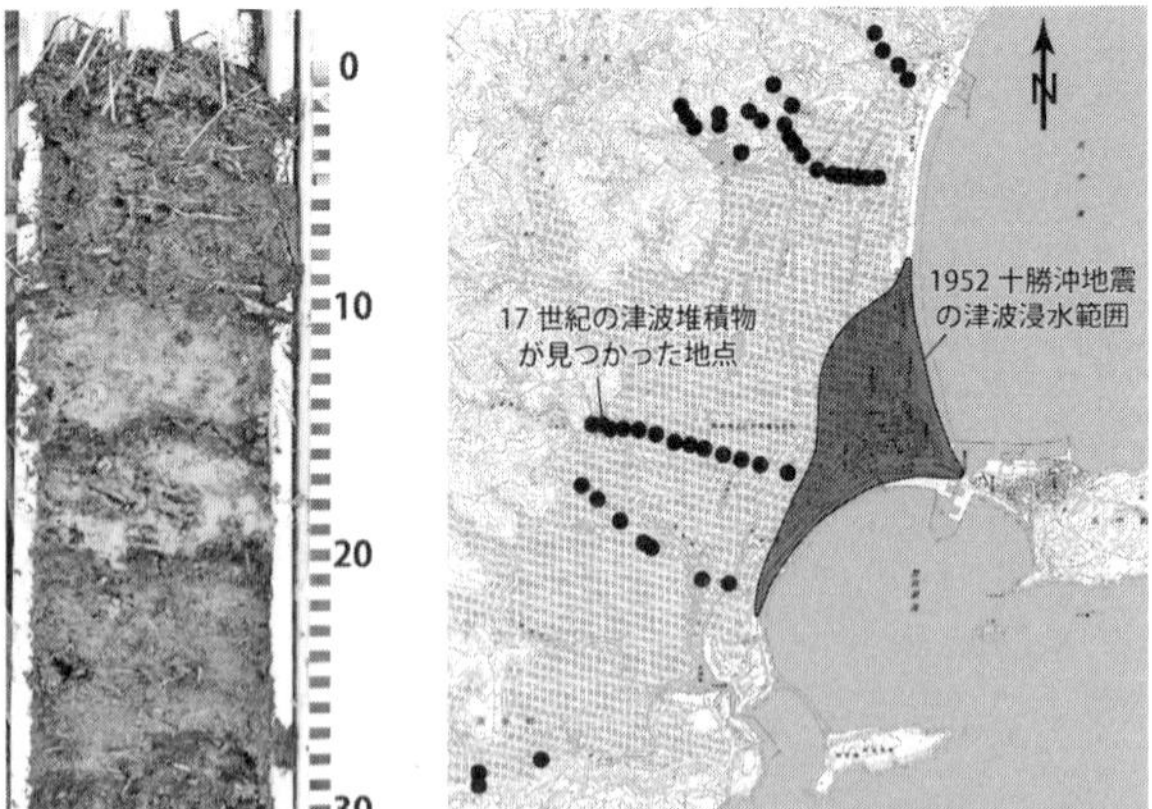

歴史上知られていない巨大津波の痕跡

右の図は北海道浜中町の霧多布湿原における1952年十勝沖地震の津波浸水域と17世紀の津波堆積物の分布を示す。左の図は霧多布湿原で観察される17世紀の津波堆積物の写真〔Nanayama et al.(2003)およびSawai et al.(2009)に基づく〕

この地域では以前から「地殻変動の矛盾」が指摘されていた

17世紀の地震が通常の地震とは異なるものであった証拠はもう一つある。それは地盤の隆起である。この地域では以前から「地殻変動の矛盾」というのが指摘されていた。その矛盾とは、最近１００年程度の器械による観測から知られる地殻変動と、地質学的に知られる10万年スケールでの地殻変動とが全く違う傾向にあるということである。

北海道の最東部、根室市の花咲に潮の満ち引きを測る検潮所がある。そこでの年間の平均潮位の記録を見ていくと、ここ１００年の間に年間約1センチずつ沈降しているのがわかる。年間1センチの沈降ということは、１００年で1メートル下がるということ。それは通常では考えられない、非常に速い速度だ。こうした地盤の沈降により、徐々に沿岸の湿地に塩水が浸水し、木々が立ち枯れていくが、北海道東部太平洋岸の海に面した湿地ではそんな光景がよく見られる。

通常、地震が起きる前はプレート同士の一部がくっついていて、そこから陸側のプレートを徐々に引きずっていく。そのため、沿岸の湿地がゆっくり沈降していくが、歪みがたまったプレートの間が一気に滑って地震が発生すると、それまで沈んでいた部分が跳ね返って隆起する。それが一般的なプレート境界の地震のメカニズムである。

　北海道東部で不可解なのは、図のように、１９７３年の根室半島沖地震のときには沈降

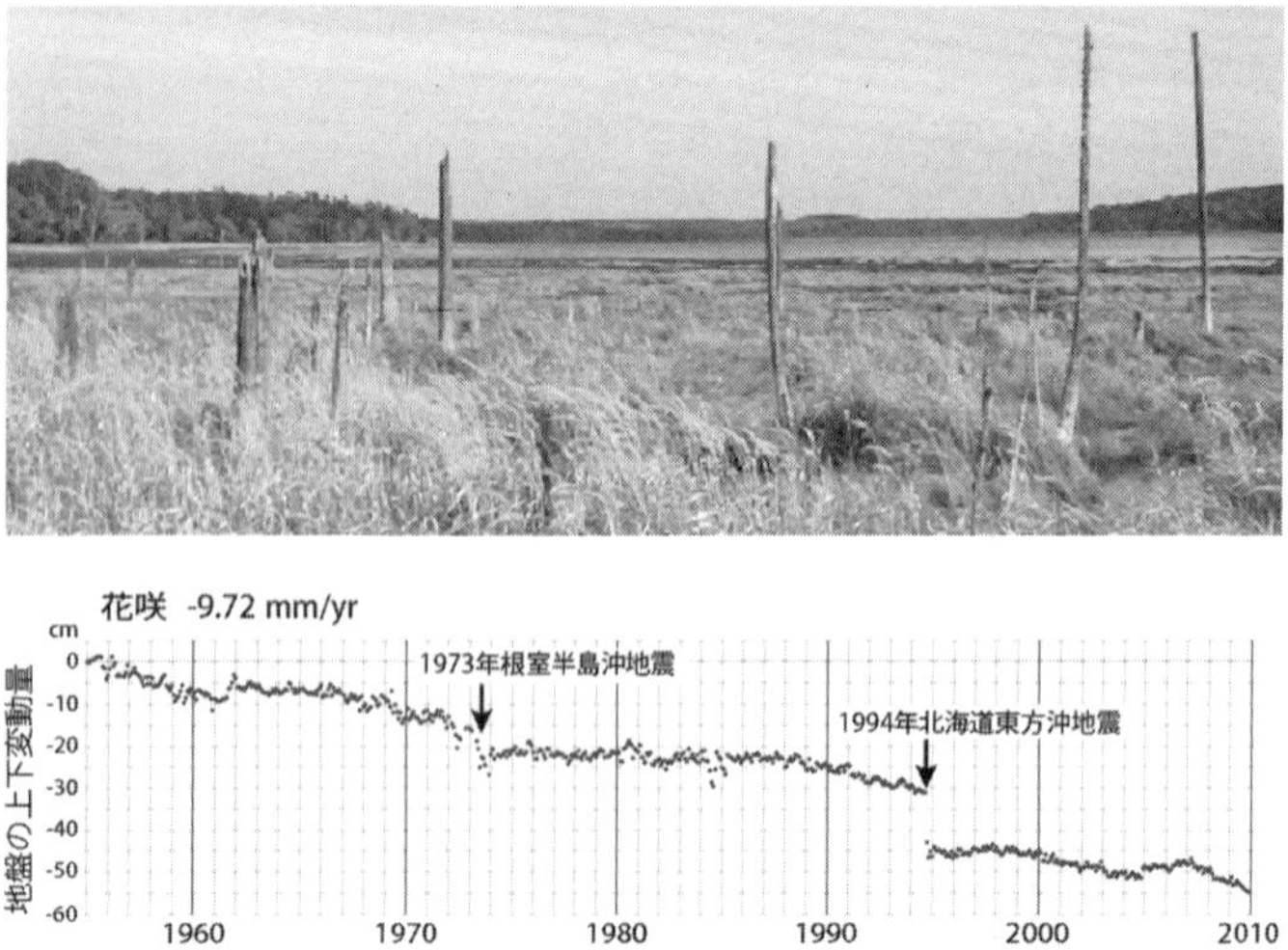

すごい速度で沈降している北海道東部

上の写真は地盤の沈降による浸水で立ち枯れた木（根室市温根沼）。下のグラフは根室市花咲の検潮所で観測された過去55年間の地殻変動〔国土地理院（2011）による〕

が元に戻っていない。むしろ、少し沈んでいる。さらに、１９９４年の北海道東方沖地震のときにも沈降は元に戻らずに、少し沈んでいる。つまり、歪みが解消されていないというわけである。かといって、沈降がずっと進行しているかといえば、そうでもない。長期的に10万年スケールで見てみると、地盤は隆起しているのだ。この地域は、北海道ではおなじみの光景とも言える広大な平原が果てしなく続いており、その高さは標高数10メートルぐらいにある。この平坦な大地は、実は20万年前は浅い海底面だったところだ。つまり20万年かけて数10メートルまで地盤が隆起したことを示している。

長期的な隆起を示す海岸段丘（根室市落石）

17世紀に通常の地震の規模をはるかにしのぐ巨大地震・巨大津波があった

北海道東部で見られる、通常でない速度の地盤の沈降はなぜ続くのか。それでいて、長期的には地盤が隆起しているのはなぜか。その矛盾に対する答えとして考えられるのは、過去に通常の海溝型地震（プレート間地震）とは異なる、未知の巨大地震があって地盤が隆起した、という仮説である。

東京大学准教授の池田安隆氏はこの地震を、俗称として「アルマゲドン地震」と呼び、なにかとてつもない現象が過去にあったのだということを唱えた。それが17世紀の巨大地震だったというわけである。

この地域の湿地で地層を観察すると、その仮説を証明するように、海の環境である粘土の層の直上に陸の環境である泥炭層が残っている様子が見られる。これは急激に環境が変わった証拠である。海から陸に環境が変わったということは、わかりやすく言えば、干上がったということ。つまり、地盤が隆起したということである。

湿地の堆積物に記録された 17世紀の連動型巨大地震における隆起の痕跡（北海道厚岸町）。矢印の位置で海から陸の環境に急激に変化している

この地盤の隆起の証拠がやはり17世紀の火山灰のすぐ下にあったことで、巨大津波と隆起を伴う巨大地震があったことが推定できるのだ。当研究チームの澤井祐紀主任研究員の分析によれば、このときに1～2メートル隆起したことが推定され、しかも地震後数十年かけて隆起したこともわかっている。

以上の調査結果から、北海道東部では17世紀に通常とは別の巨大地震・巨大津波があったことが明らかになったのである。

驚異的な速度で沈降しているのは、連動型地震が近づいているから⁉

それでは、北海道東部で起きた通常とは別の巨大地震・巨大津波とはどんなものだったのだろうか。それを知るために、元産総研で東京大学地震研究所教授の佐竹健治氏がモデル計算を行った。その結果、十勝沖や根室沖の震源を連動させた長さ３００キロメートル以上、すべり量10メートル程度のプレート境界の断層を推定すると、これまで明らかになった津波の浸水範囲や地殻変動についてうまく説明できる。推定されるマグニチュードは８・５以上である。津波の高さも、計算によると、北海道東部の沿岸で10メートルを越える非常に高い津波が発生したことがわかっている。

こうした連動型地震がくり返し起こっていることも、地層の重なりから見てとれる。霧多布湿原で２メートルほど穴を掘ると、その中に15回ほどの津波の地層があるのだ。一番下の最も古い層でおよそ５５００年前という年代分析結果が得られた。

つまり、過去約5500年間に少なくとも15回の津波が起こったことがわかるのだ。また、澤井主任研究員による詳細な年代分析により、それらの津波は平均すると400年間隔で起きていることも推定できる。直近の連動型地震が17世紀、おそらく1600年代前半と思われるので、そこから400年くらい経った今、同じような連動型地震がいつ起きてもおかしくないのである。

もう1つ、巨大地震が切迫していると思わざるを得ない理由がある。前述したように、北海道東部はここ100年ほどで地盤は年間1センチという速度で沈降している。これは、いくらプレートが沈み込んでいる場所とはいえ、少し速過ぎるとも思える異常な速度である。もしこの速度がずっと続くとしたら、連動型の巨大地震の再来間隔が平均400年であるから、その間に合計4メートル沈降していることになる。ところが、地質学的にわかっている連動型地震1回あたりの地盤の隆起は1~2メートル。4メートルの沈降に対して1~2メートルしか元に戻っていないのだ。このままだと地震間の沈降分を元に戻し、さらに長期的に隆起させることもできない。

そこで、新たにもう1つ仮説を立てると、沈降速度は一定ではなく、連動型地震の発生が近づくと加速するのではないか、ということである。地震の１つのサイクルの中で、連動型地震が起きると地盤が隆起するが、その後、歪みを解放した断層が強度を回復するまで時間がかかるため、沈降速度はそれほど速くない。しかし、

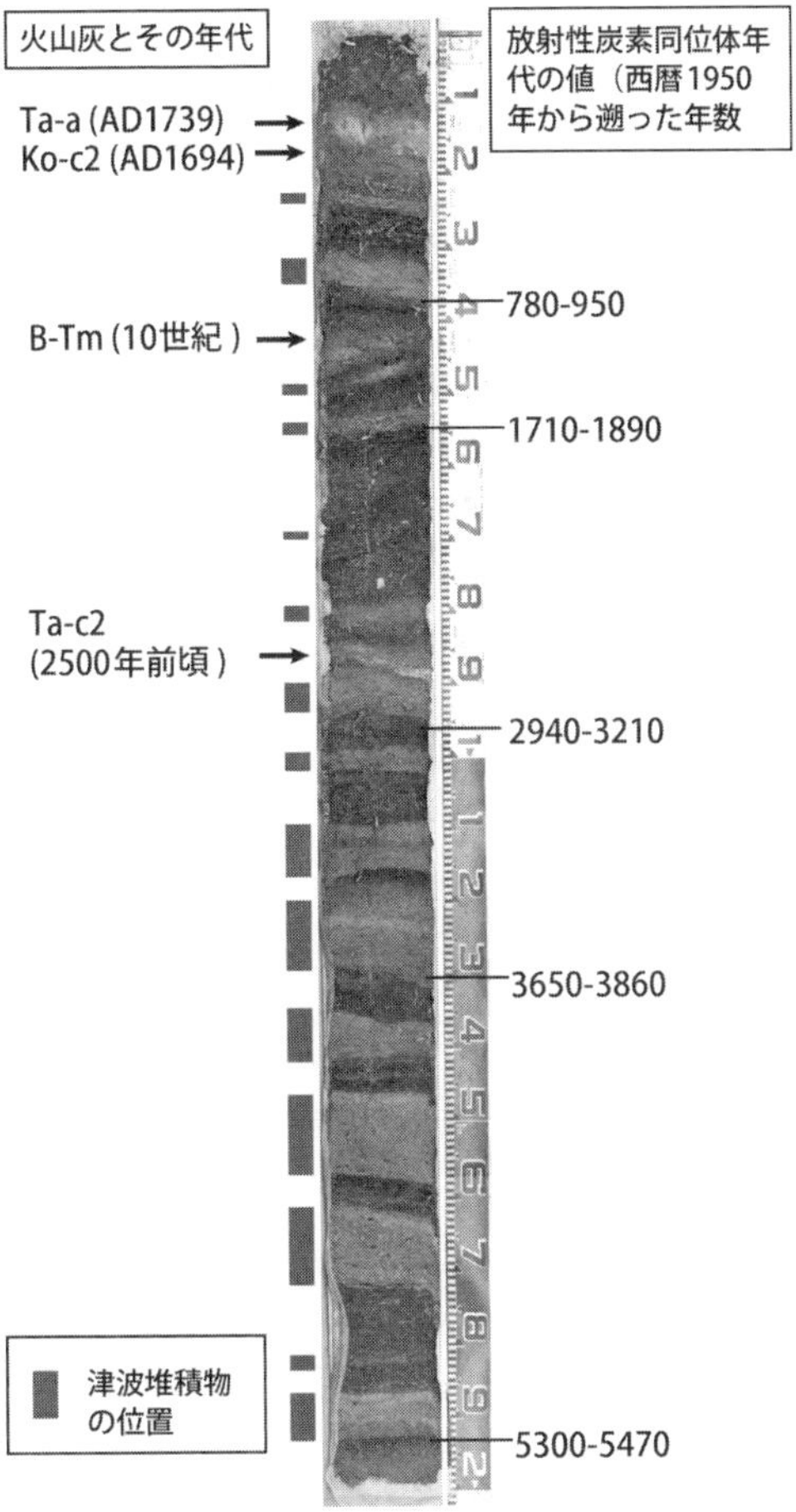

くり返す連動型巨大地震の証拠

霧多布湿原の堆積物には過去五千数百年の間に少なくとも15回の津波が記録されている

断層が強度を回復して強くカップリングして歪みをため、次の連動型地震が近づいてくると、また加速していくのではないだろうか。つまり、今、年間約1センチずつという驚異的な速度で沈降しているのは、連動型地震が近づいているからではないか、と推測できる。以上からも、やはり巨大地震・巨大津波は切迫していると考えられるのだ。

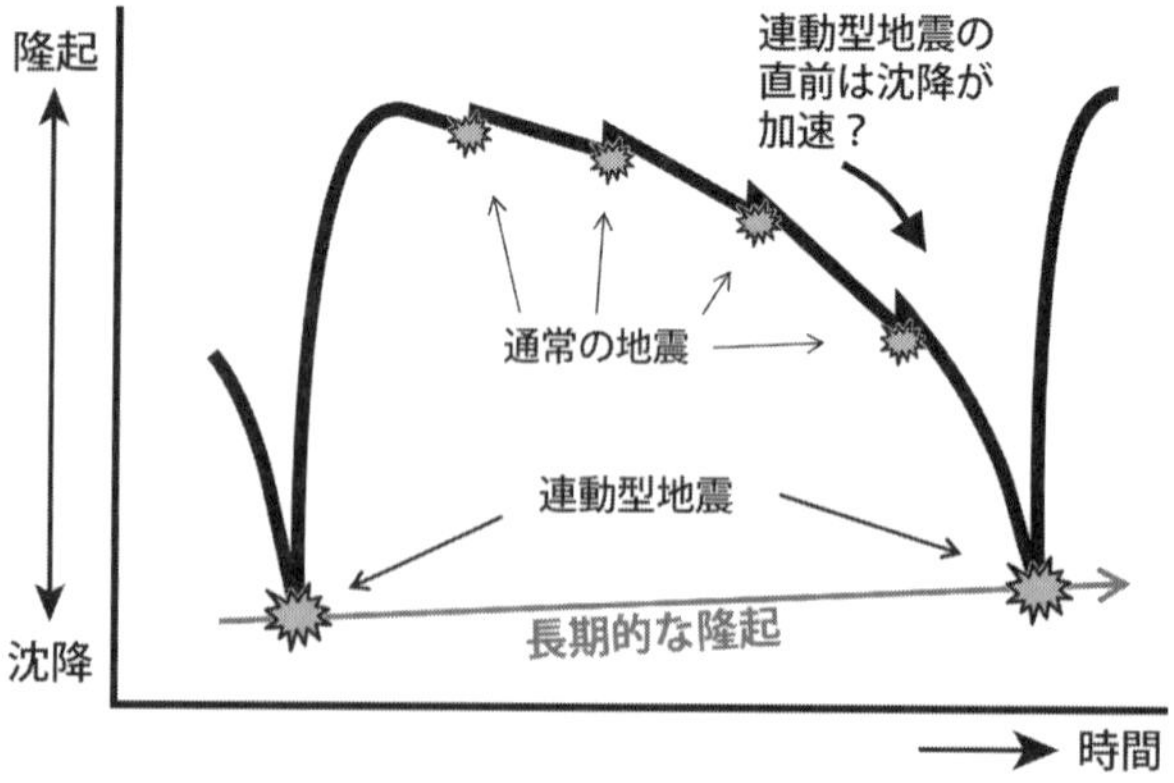

切迫している北海道東部の連動型地震

地殻変動の矛盾を説明する1つのモデル〔宍倉ほか(2009)による〕

浸水範囲や津波の高さは、断層モデルさえ確立できれば最低限は推定できる

2005年、政府の中央防災会議では、北海道の津波想定において、上記の地質学的に明らかになった連動型巨大地震も検討対象に入れた。その時の研究段階での平均発生間隔は500年と推定していたので、「500年間隔地震」と呼ばれたが、いずれにしても当時としては画期的なことであった。

今回の東日本大震災を受けて、今、政府の地震調査研究推進本部も過去の古地震に関する研究成果を積極的に取り入れて評価していこうという方針に移っている。中央防災会議も改めて、津波堆積物をはじめとした古地震の評価の重要性を、6月に行われた専門調査会の中で中間報告にまとめている。そのため、今後は北海道の調査結果も見直され、地質学的な研究成果を取り入れた上で新たな評価を出し、行政側、自治体に対応してもらうようになると思う。

たとえば、浸水範囲や津波の高さは、断層モデルさえ確立できれば、様々な場所

で計算によっておおよそ推定できるので、それに対応したハザードマップを自治体に作ってもらえれば、住民はそれを見ることで、いざというときにどう避難するかを考えることができる。幸い、北海道東部太平洋岸は海岸の背後に丘がある場所が多く、すぐ近くに逃げられる高台があるので、もし強い揺れを感じたら丘の上にすぐに逃げることである。ただし、こういう地域では、高台に家を建てれば安心と思われているが、モデルの計算で出した津波の高さはあくまでも最低限の値である。

実際、十勝では北海道大学教授の平川一臣氏らによって、17世紀の津波と思われる地層の痕跡が丘の上に見つかっており、その高さはおよそ20メートルにも及ぶ。丘の上が必ずしも安全とはいえないのだ。

だからこそ、私はそういう過去の巨大津波の痕跡をもっと詳しく調べ、どこまで逃げれば安心かということを示せるようにしなければいけないと思っている。千島海溝の連動型巨大地震の震源は、今のところ北海道東部の地質学的データに基づいて十勝沖、根室沖に想定しているが、プレート境界はさらに東の北方領土の沖合まで延びており、震源の断層もずっと東に延びていてもおかしくはない。それを解明するには北方領土において津波堆積物を調べなければならないのだが、ご存じのように国交上の問題により、それはなかなか実現できないでいる。

かつて北海道大学の西村裕一氏らが北海道東部の調査をしていて、その延長上で北方領土の辺りを調査するためにロシアの研究者と共同プロジェクトを立ち上げたことがある。ところが、日本人がロシアのビザをとって、ロシア側から北方領土へ行くことは政治上できない。そこで、北海道の人が年に1、2回、北方領土にビザなしで渡航する「ビザなし交流事業」というものがあるので、これに乗じて北方領土の島々に渡って調査を行うことが試みられた。２００９年9月、ちょうどその時期に、私は文部科学省に出向していたため、関係監督官庁の職員という立場で、色《しこ》丹《たん》島に同行させてもらったことがある。ごく限られた日数だったが、運良く島に上陸できて調査もできた。

しかし、北方領土での調査はロシア主導のため、ロシア側の都合で島に渡れないこともあり、私が渡航した前年は、根室港で出航直前にドタキャンをくらったらしい。さらに私の行った翌年は、そもそも渡航計画そのものがなくなった。それくらい、北方領土辺りの調査は難しいというのが現状である。残念ながら現時点ではまだ、巨大地震の断層を特定できるほどのデータは、北方領土では得られていない。

第3章
関東に大地震は来るのか!?

M9クラスの地震に襲われれば、大都市東京は一瞬にして壊滅するに違いない

東日本大震災の発生は、地震国日本で暮らす多くの人々に、改めて地震や津波の恐怖を植え付けた。そんななか、テレビや新聞、週刊誌などは「首都圏直下型地震」や「茨城沖」「房総沖」を震源とする地震について報道することが多くなった。確かに、首都圏直下型地震や茨城沖、房総沖を震源とする大きな地震が起きれば、たとえ地震の規模が東日本大震災ほどでないとしても、人口が密集する東京では大きな被害が出ることは避けられないだろう。もし仮に東日本大震災と同じようなM9クラスの地震に襲われれば、大都市東京は一瞬にして壊滅するに違いない。

それだけに、関東地方に大地震が来るのか、来ないのかということは、今や関東地方に住む人々だけでなく日本中の国民の大きな関心事となっている。そこで本章では、関東地方の大地震の発生について、その危険性がどれくらいあるのか言及したい。

最初に、これまで関東地方で起きた大きな地震を整理してみよう。多くの国民は、関東地方の大地震と言えば、まず、1923(大正12)年に起き、関東大震災をもたらした「大正関東地震」の名をあげるに違いない。相模《さがみ》トラフという相模湾から太平洋に延びるプレートの境界で起きた地震で、地震の規模はM7・9。10万5000人の死者・行方不明者を出した、日本の歴史上最大の被害をもたらした地震である。

しかし、もっと歴史を遡ると、他にも大きな地震がある。大正関東地震の前には、江戸時代の1855(安政2)年に「安政江戸地震」という直下型の大きな地震があった。その前には、1703(元禄16)年の「元禄関東地震」がある。大正関東地震と元禄関東地震の2つは震源が同じ相模トラフ沿いのプレート境界であり、くり返し起きた地震だが、元禄関東地震のほうが大きかったといわれている。元禄関東地震の規模はM8・2と推定され、1万人以上の死者が出ている。

さらに遡ると、1677(延宝5)年に「延宝地震」があったといわれている。これはまだ実態がよく分かっていないのだが、房総沖や茨城沖で発生した地震と考えられており、今、テレビや新聞、週刊誌などで心配されている場所を震源域とした地震だ。

津波について言えば、元東京大学地震研究所教授の羽鳥徳太郎先生が、これらの地震による津波についてよく調べられている。意外に大正関東地震でも比較的大きな津波があったのだが、東京下町の大火災ばかりが有名なせいか、その被害はあまり知られていないようである。たとえば千葉県館山市の布良《めら》というところではおよそ7メートルもの高さの津波に襲われたようである。元禄関東地震では、大正の津波よりももっと規模が大きく、特に千葉県の九十九里浜で津波の被害がかなりひどかった。

今回の東日本大震災での仙台や石巻の平野における津波と同じように、広く平坦な場所で内陸奥まで浸水したため、大きな被害が出た。この地域に行くと、いまだに当時の犠牲者を弔う供養碑が各所に残っている。およそ、供養碑があるところは当時、津波の浸水が及んだところと考えられる。

実際、九十九里浜の真亀川流域では、津波の供養碑がある3、4キロ内陸まで津波が押し寄せた可能性がある。図で示したように、房総半島の外房側の津波の高さを見ると、大正の津波よりも元禄の津波のほうが全般的に高かったといわれている

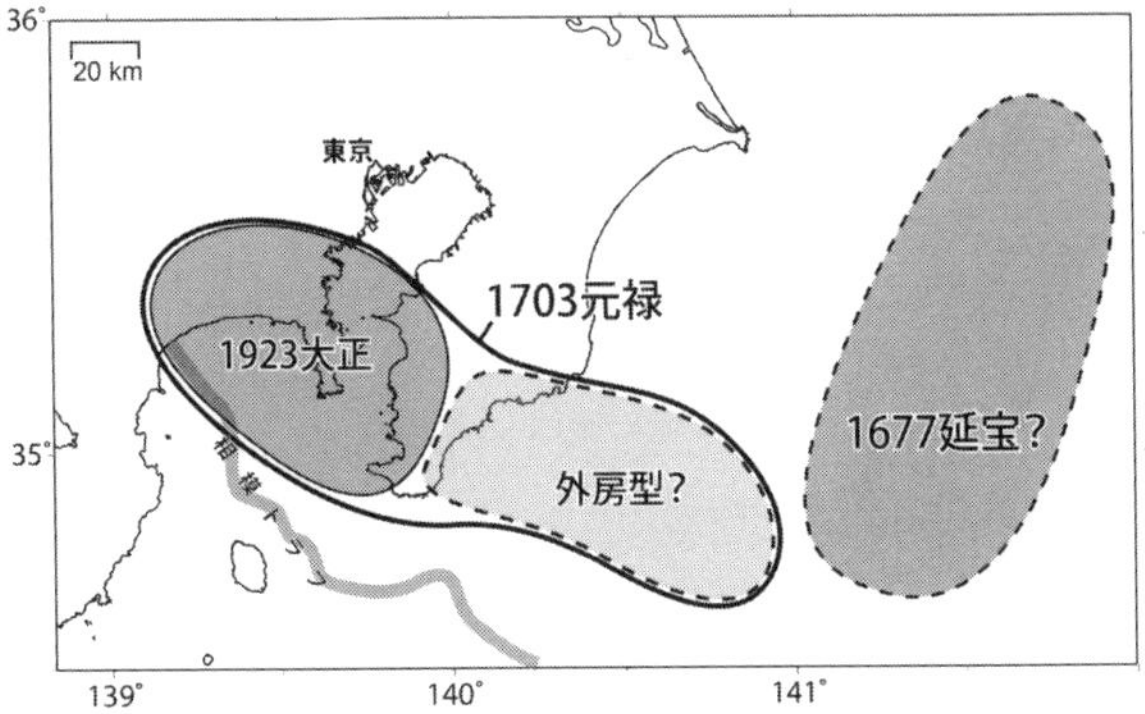

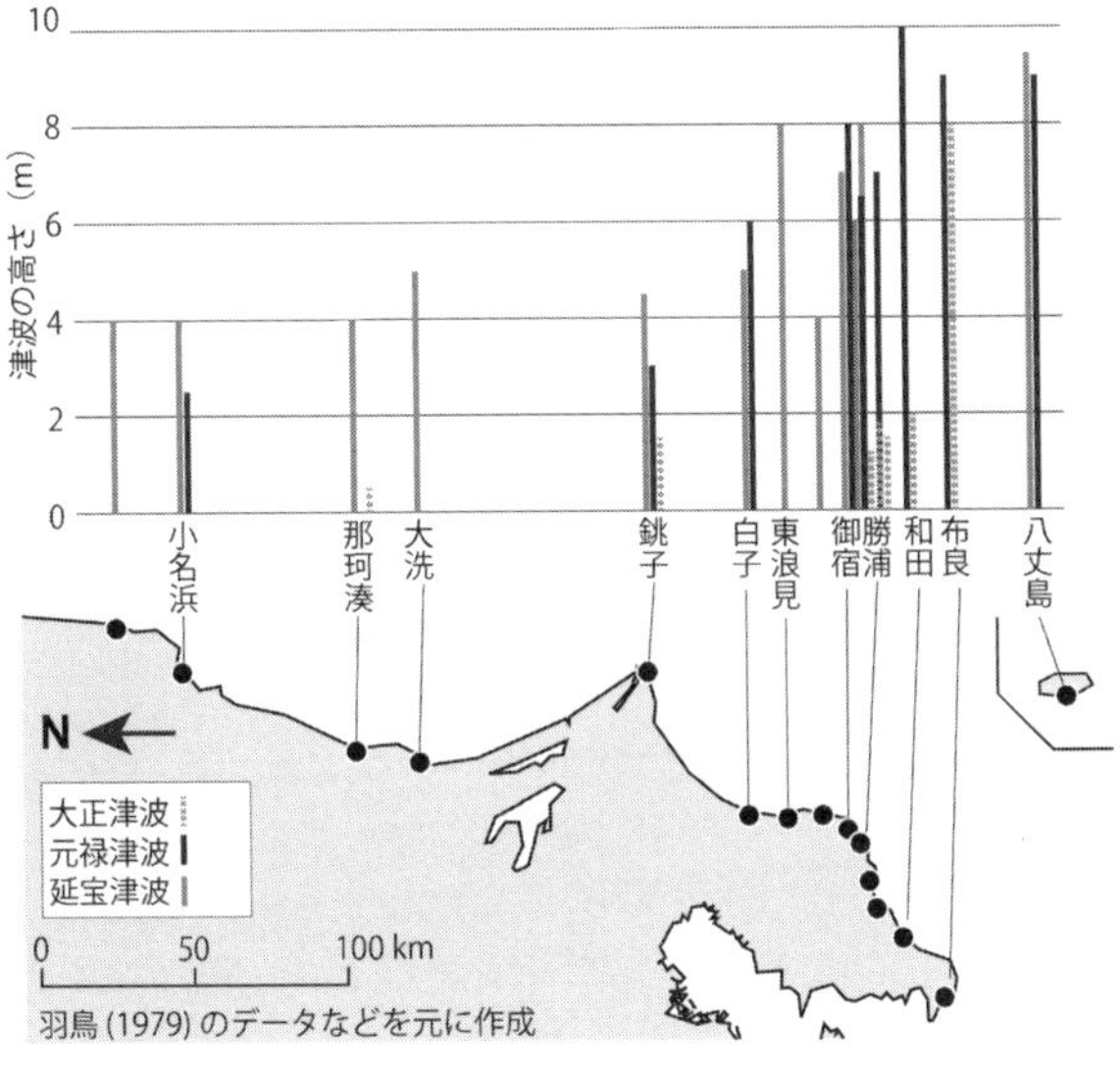

南関東沖で津波を起こすおもな地震の震源域

千葉県〜福島県の太平洋沿岸におけるおもな歴史津波の高さ

が、基本的には供養碑があった場所の標高から推定されており、海岸付近を襲った津波の高さはもっと大きかったかもしれない。

一方で相模湾周辺では大正と元禄とで津波の規模に外房ほどの大きな差はなかったようである。延宝地震の津波も元禄の津波に匹敵する規模であったと考えられているが、茨城県の沿岸ではむしろ元禄よりもずっと大きかったといわれる。

しばらくは津波を伴う「関東地震」の心配はない、というのが定説だが……

大正や元禄の関東地震の特徴は、東日本大震災の地震と同様に津波を伴ったプレート境界の地震というだけでなく、その震源が陸地の真下にまで延びているということである。真下で地震を起こす断層がずれ動くと、地盤は隆起する。実際に、大正関東地震では、三浦半島や房総半島の南部、そして大磯海岸周辺で１〜２メートルほど隆起したことが、陸地測量部（現在の国土地理院）の観測で明らかになっている。

このときの隆起の痕跡は、今でも海岸に行けば見ることができる。一般に、岩礁《がんしょう》からなる海岸沿いでは、波食棚《はしょくだな》とよばれる平坦な岩棚が波打ち際付近に広がっている。三浦半島や房総半島南部の海岸では、それが大正関東地震の隆起で干上がり、現在の海面から１〜２メートルの高さに持ち上げられている様子が見られるのだ。

さて、では元禄関東地震はどうか？　実は大正の隆起の痕跡よりさらに高いとこ

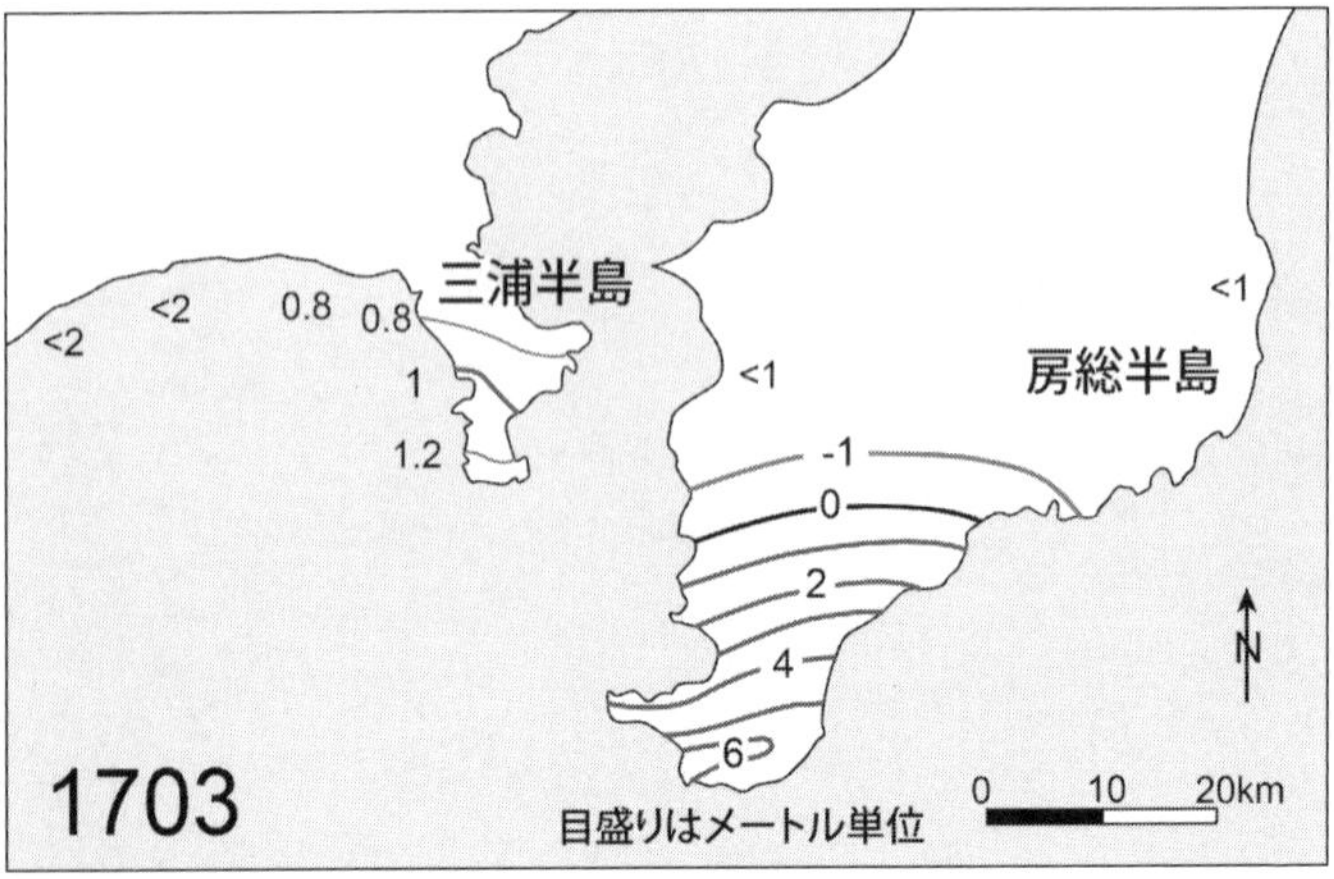

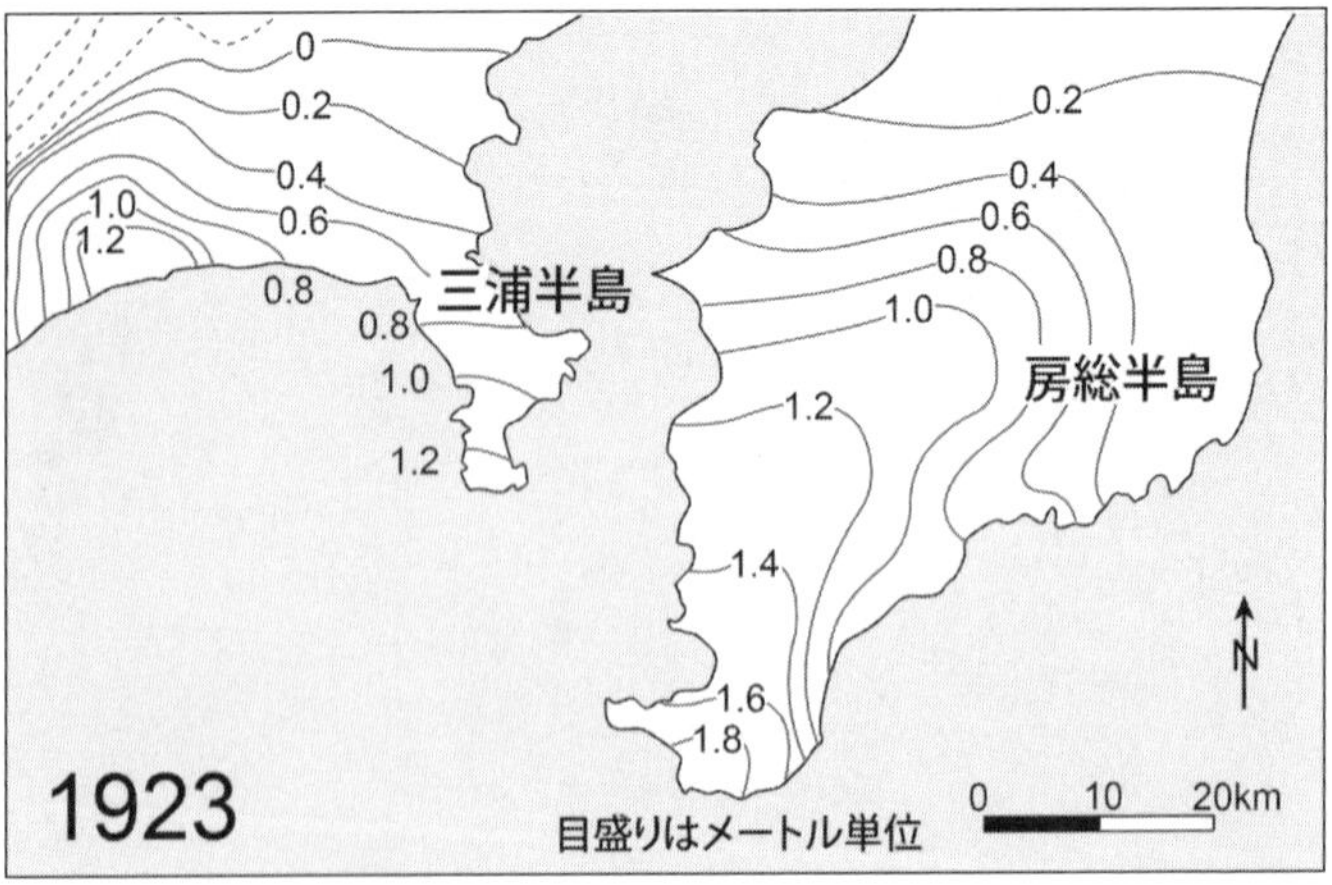

1703年元禄関東地震における地殻上下変動（上）と1923年大正関東地震における地殻上下変動（下）〔宍倉(2003)による〕

ろに、元禄の隆起の痕跡を見ることができる。つまり高さの異なる平坦な岩棚の地形が階段状に分布しているのだ。このような地形は海岸段丘《かいがんだんきゅう》と呼ばれる。古文書や古絵図にも元禄の地震で地盤が隆起し、海岸線の位置が変わったことが記されている。測量など行われていない時代なので、これらの史料からは具体的な隆起量まではわからないが、現在見られる海岸段丘の高さを測ることで、元禄関東地震の隆起量を復元することができる。

　調査の結果、房総半島南端付近では6メートルもの隆起があったことが推定された。実に大正関東地震の3倍もの大きさであり、非常に広い範囲で海底面が干上がっ

千葉県館山市見物海岸でみられる1703年元禄と1923年大正の関東地震による隆起を記録した海岸段丘の写真

た。ここには野島崎という半島状の岬があるが、元禄関東地震の前は野島と呼ばれる離れ島だったという説がある。それが地盤が隆起することによって、元は海面の下にあった地盤が干上がり、陸と島がくっついたのではないかといわれている。

一方、三浦半島では、元禄も大正も隆起量はほぼ同程度だったようだ。ちなみに延宝地震では震源が陸地から離れた沖合だったためか、地盤の変動は知られていない。

このように元禄と大正は、津波の規模も隆起の規模も、相模湾周辺では同程度なのに対し、房総半島の南部や外房側で元禄の方がずっと大きかったようである。これは何を意味するのかというと、両者の震源の拡がりの違いである。大正、元禄ともに相模湾周辺に震源を持っているが、元禄はそこからさらに房総半島南東部の沖合まで震源が拡がっていたと推定される。これが元禄関東地震で房総半島の津波や隆起を大きくした原因である。

さて、ここでさらに過去にさかのぼってみよう。古文書類に明確な記録はないが、海岸の地形を見れば過去の関東地震の歴史を復元することができる。房総半島南部の海岸沿いには、元禄の海岸段丘よりもさらに高いところに、何段もの海岸段丘が

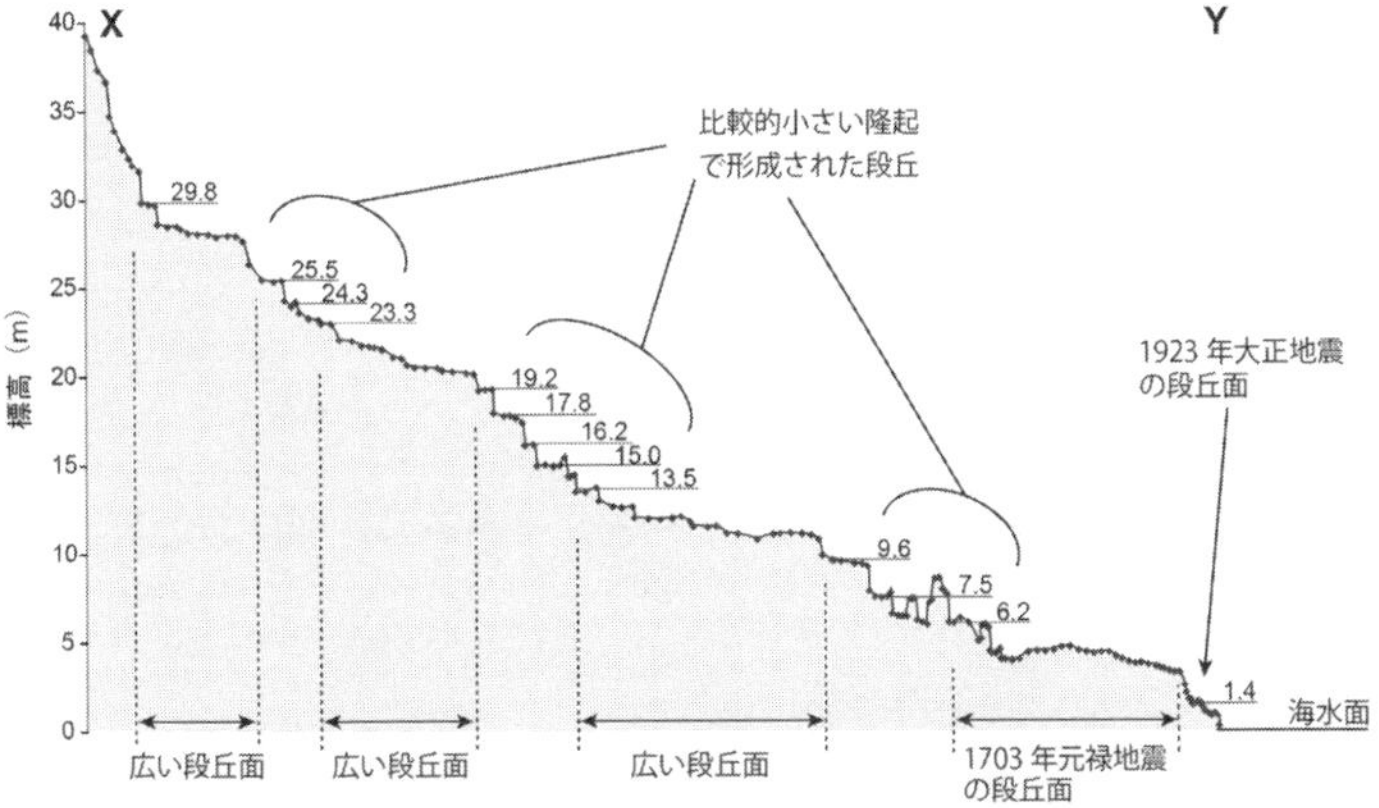

房総半島南部の海岸沿いには、何段もの海岸段丘が発達し、広い平坦面を持つ段と、狭く細かい段の組み合わせからなる（上）
大正関東地震（1923年）クラスの隆起が見られる（下）

発達しているのだ。その数は10段以上にもなる。しかもよく見れば広い平坦面を持つ段と、狭く細かい段の組み合わせからなることがわかる。

広い面は、元禄関東地震の時に干上がった面も含めて4段ある。つまり元禄クラスの大きな隆起（元禄型地震）が過去4回起こっていたのだ。元広島大学教授の中田高先生たちはかつてこの段丘を調査し、元禄より前の隆起の起きた時期を7200年前、5000年前、3000年前と推定している。また、幅狭く細かい段丘は、これらの元禄型地震の間に起こった大正クラスの隆起（大正型地震）のくり返しを示していて、つまり元禄型の大きな隆起の後、3〜4回の大正型の隆起が起こり、また元禄型が起こって、その後3〜4回の大正型がくり返す、というわけである。

それぞれの震源について言えば、大正型地震はおもに相模湾を震源としており、時々房総半島南東沖まで震源が拡がる元禄型地震が起きていたと考えられる。この考えにしたがえば、相模湾内の震源は、大正型、元禄型のいずれの地震のときにも断層が動いており、房総半島南東沖はめったに動かない。過去の関東地震を年表にして時間的、空間的な変遷をまとめてみると、相模湾周辺のAの領域は平均して400年間隔で地震を発生している。一方、BやCの領域は2000〜2700年

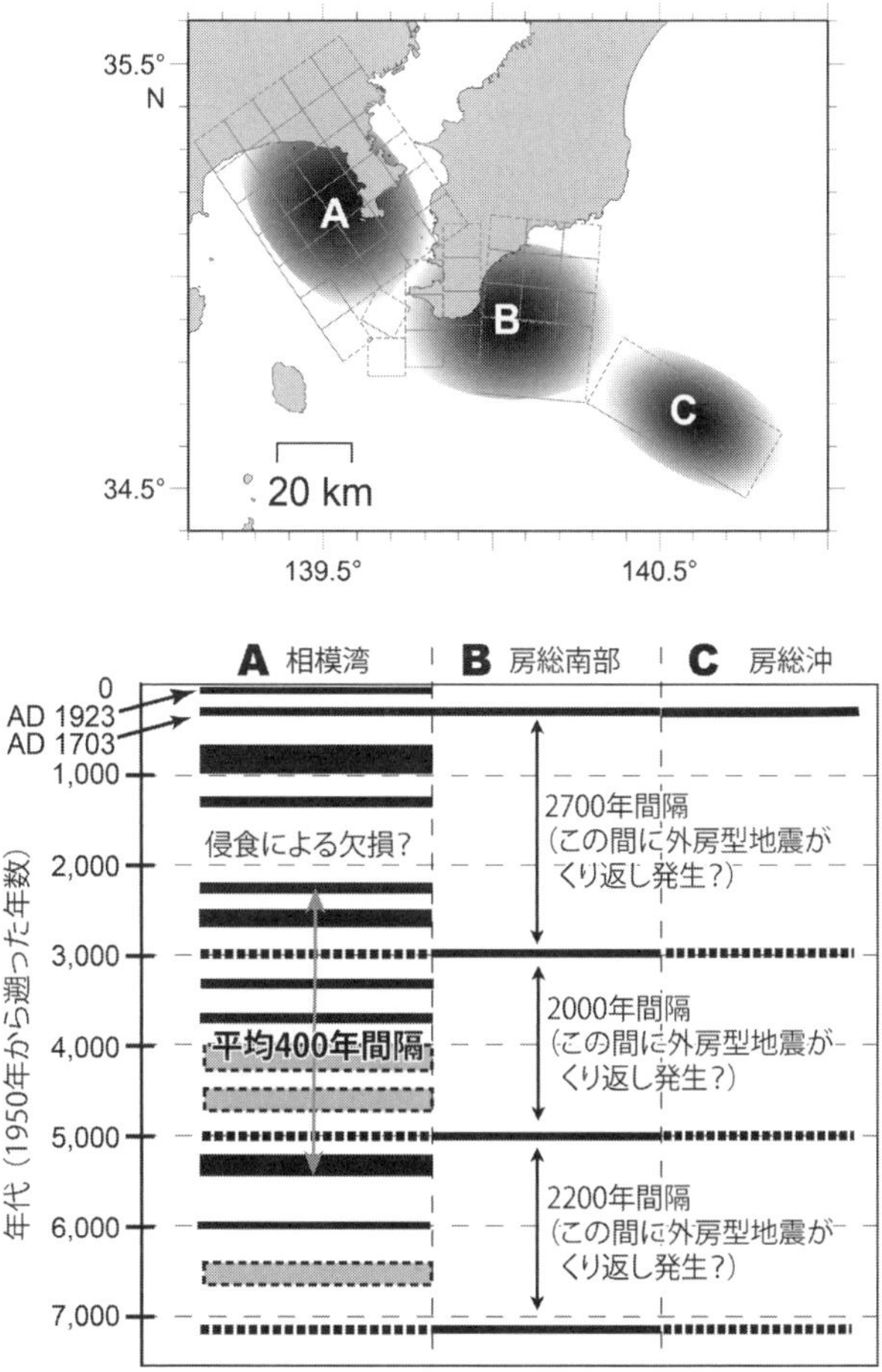

相模トラフ沿いにおける古地震の履歴

宍倉(2003)でまとめられた海岸段丘の年代に基づいて作成。しかし、今後宇野ほか(2007)などの新たな知見を取り入れて改訂していく必要があるに1回（平均2300年間隔）の元禄型地震のときにのみ断層が動くということになる。

なお、Aの領域の発生間隔は、元禄関東地震（1703年）と大正関東地震（1923年）の間が220年の間隔であることから、必ずしも400年に1回というわけではなく、もう少し短い可能性もある。このため、地震調査研究推進本部は、関東地震のくり返し間隔を200〜400年としている。

このように見ると、前回の大正関東地震は今から88年前なので、くり返し間隔と経過時間との関係から考えれば、しばらくは津波を伴う海溝型の関東地震の心配はないように思える。事実、地震調査研究推進本部の評価でも、大正関東地震が今後30年以内に起きる確率を「ほぼ0〜2％」とし、しばらく起きないということになっている。ましてや元禄型地震はこの先2000年近くは起こらないと考えられているのだ。

プレート同士が完全には固着しておらず、地震時以外も少しずつすべっているという解釈も

何度もくり返すが、相模トラフ沿いを震源とするいわゆる関東地震は、前回の地震からまだ88年しか経過していないので、しばらくは起きない、というのが従来の考え方である。

しかし、名古屋大学教授の鷺谷威氏は、国土地理院のGPS観測データを解析してみると、相模トラフ沿いではフィリピン海プレートの沈み込みにより、だいたい年間に２～３センチずつ歪みがたまっているのがわかるという。大正関東地震の１回あたりの断層のすべりは、５～10メートルといわれている。それだけのすべりを生むために、どれくらい歪みをためていたかというと、年間２～３センチだから、５００センチ÷３センチ、あるいは１０００センチ÷２センチであるから、２００～５００年かけてためていたことになる。これだと、段丘などから推定した２００～４００年に１回という間隔と収支が合う。ただしこれは先ほどのAの領域の震源

に限ったことである。

　一方、元禄型地震の震源であるB、Cの領域となると、これまでの考えでは2000〜2700年に1回しか動かない。2000年以上もの間、年間2〜3センチずつ歪みをためているのであれば、2000年×2センチとしても、次に発生した地震では1回あたり40メートル以上すべらないと収支が合わない計算になる。しかし、元禄関東地震における種々の断層モ

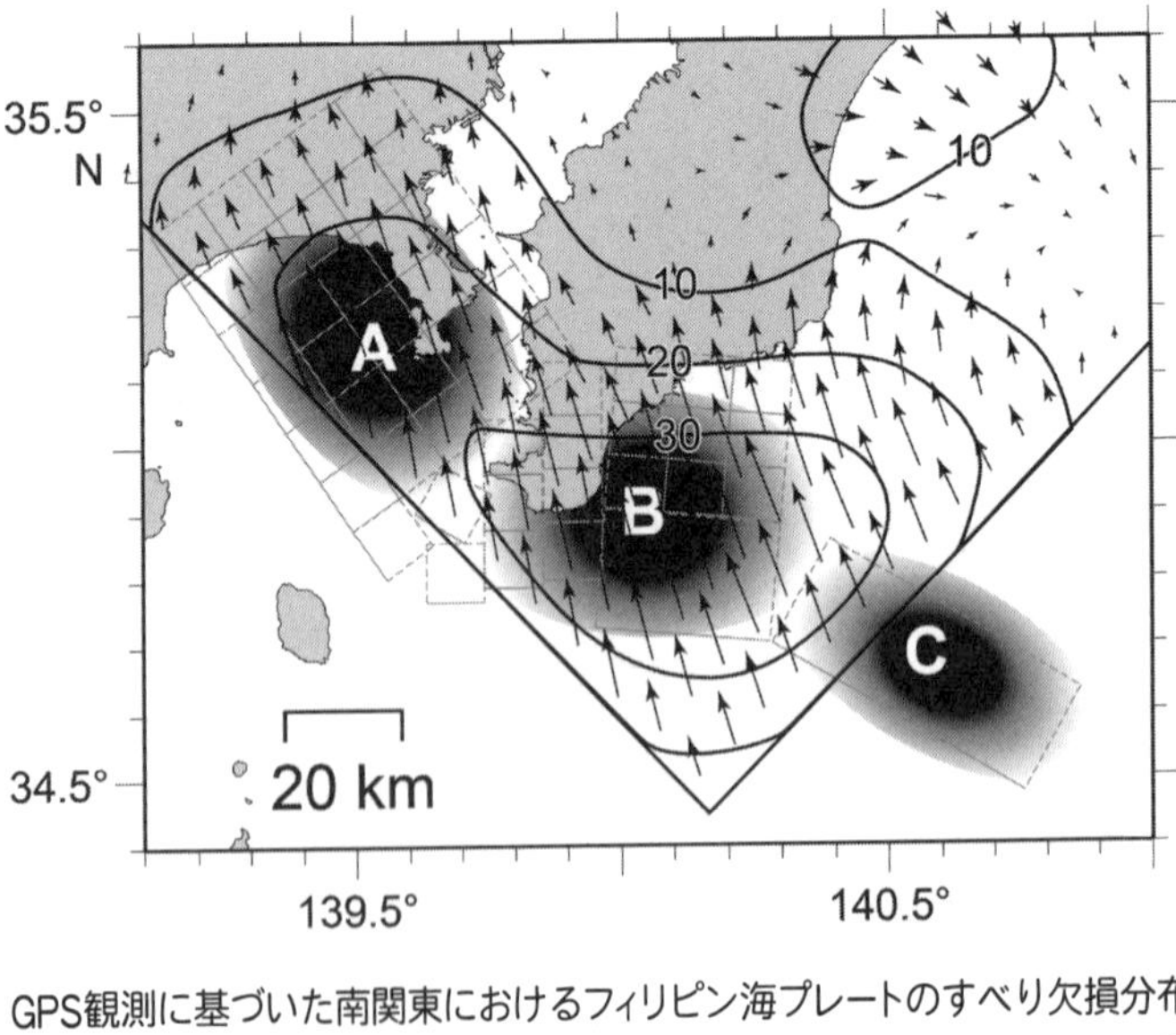

GPS観測に基づいた南関東におけるフィリピン海プレートのすべり欠損分布
目盛りはmm/年単位で、房総沖では年間30mm以上の速度で歪みをためている〔Sagiya(2004)による〕

デルでの検討から見ても1回あたり40メートル以上ものすべりは非現実的である。つまりBやCの領域では、元禄型地震のくり返しだけでは、これまでためてきたはずの歪みがすべて解消されていないのだ。これはいったいどういうことなのだろうか。たとえば一つの可能性として、BやCの領域ではプレート同士が完全には固着しておらず、地震時以外の時も少しずつずるずるすべっている、という解釈もあるが、今のところそのような観測事実はない。

房総半島南東沖の相模トラフを震源域とする外房型の第3の関東地震が存在する可能性がある

そこで、この矛盾を解決するために前述の段丘を再度検討してみたところ、これまで指摘されてこなかった新たな事実が明らかになったのである。2005年に宇野知樹くんという千葉大学の大学院生（当時）と房総半島南部の千倉という場所で一緒に調査をしたことがある。彼は修士論文で、外房側にある千倉周辺の段丘の年代が、内房側の段丘とは異なるという重要な指摘をし、2007年に学会でも発表した。実は、今までの段丘の年代に関するデータは、おもに房総半島の内房側のものだったのだが、外房にも似たような段丘の地形があったため、その内房側の調査結果が外房側にも当てはめられる、とこれまで考えていた。しかし、調査の結果、内房側と外房側とでは段丘のできる年代が違うというデータが出てきたのだ。

図のように、房総半島南部の4つの大きい元禄型地震の段丘面は、今までは約7200年前の段丘面は内房側も外房側も同じように対比していて、約5000年

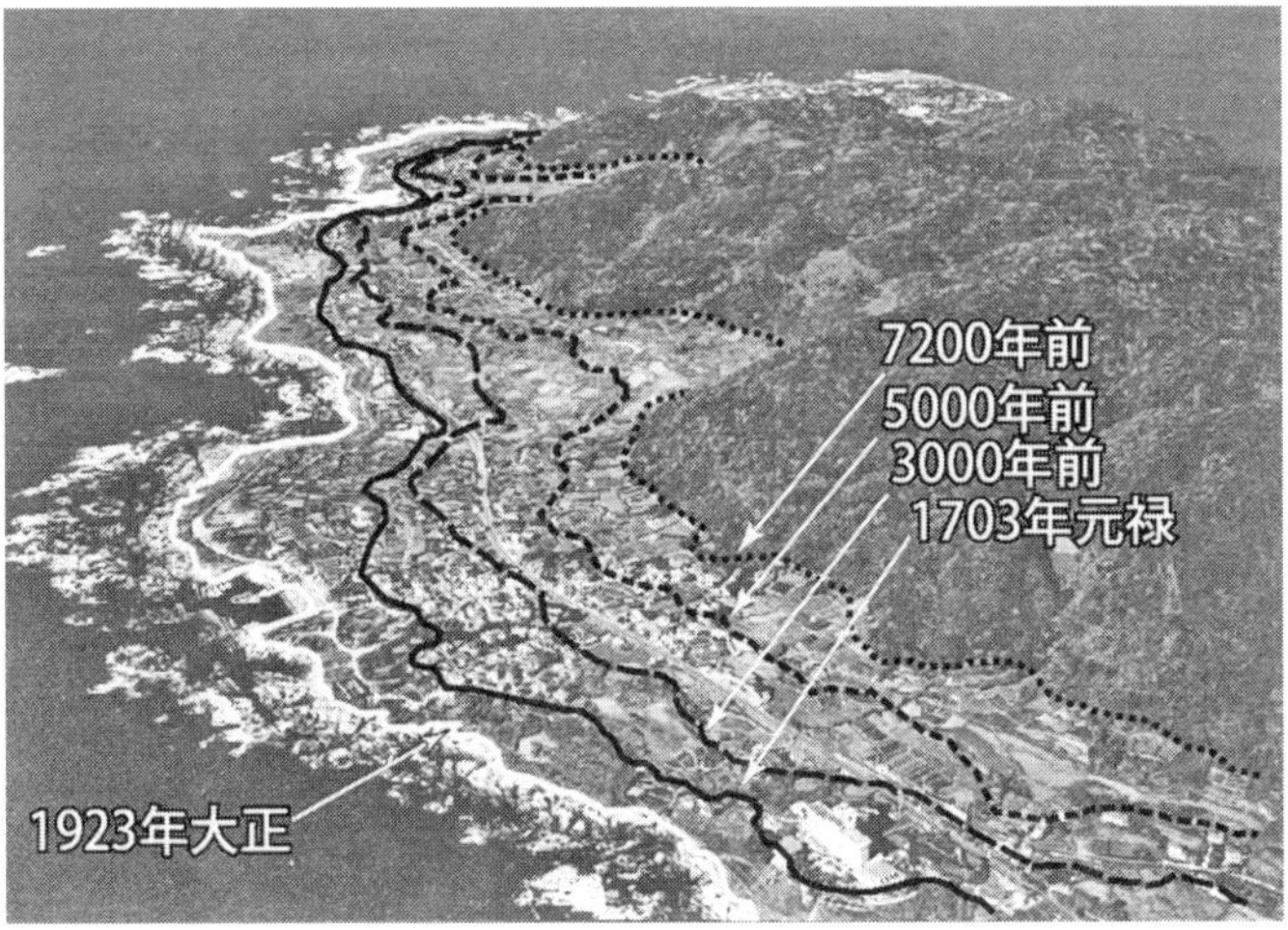

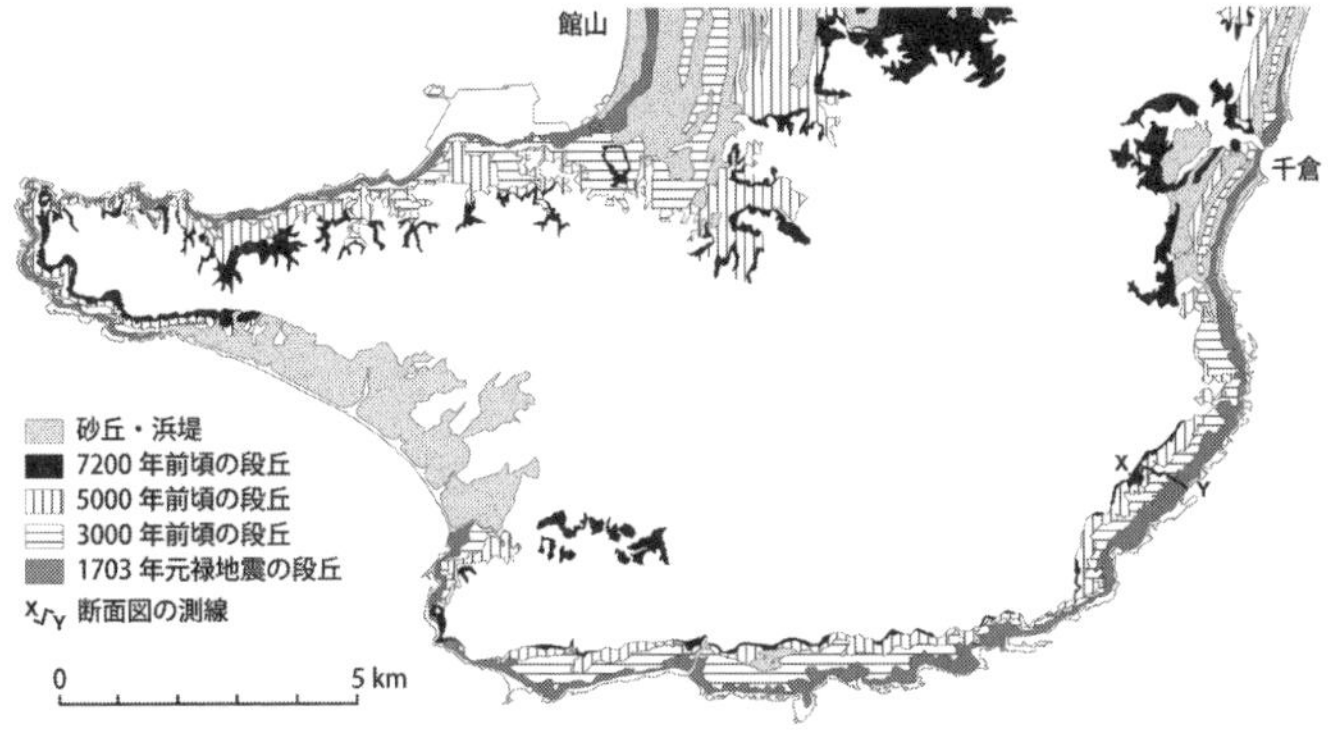

千葉県館山市西川名付近でみられる海岸段丘〔宍倉(2003)による〕(上)
従来の区分による房総半島南部の段丘面の色分け〔川上・宍倉(2006)による〕
今までは内房も外房も同じ段丘の区分だったが、今後再検討していく必要がある(下)

前と約3000年前の面も内房側も外房側で同じように認めていた。つまり房総半島南部全体が同じように持ち上がると解釈していたのだ。事実、1703年の元禄地震の時はそのような地盤の動きをしていたのだが、より古い地震に関して言えば、段丘の年代が異なるとすれば話は別である。外房側だけが大きく隆起するタイプのイベントがあってもいいのではないか、そうすれば内房側と外房側の段丘の年代が違うことの説明がつく。外房型とも言うべきこの地震は、BやCの領域が、元禄型地震とは関係なく別個に動くという考え方である。

元禄関東地震とも大正関東地震とも異なる、房総半島南東沖の相模トラフを震源域とする外房型の第3の関東地震が存在する可能性がある――。これが、今年5月の学会で発表した、私の最新の学説である。この外房側のBやCの領域が頻繁《ひんぱん》に動いていたとしたら、GPS観測データとのすべりの収支も合い、前述の歪みの解消の矛盾が解消できるかもしれない。この場合「外房型地震」が数百年間隔で起きていてもおかしくはないというわけである。そして元禄型地震というのは大正型と外房型が連動したもの、という考え方ができる。

ところで、実は房総半島でも津波堆積物の研究は行われており、当チームの藤原治主任研究員が館山市の巴川というところで調査を進めている。そこでは約９０００年前から７０００年前頃までの期間にたまった浅い海底の泥の中に、津波堆積物とみられる砂や礫、貝殻片などが混じった地層がくり返し挟まれている様子が観察できる。これらの地層は１００〜３００年間隔でたまっており、従来から知られる関東地震のくり返し間隔（２００〜４００年）よりもやや短い。この津波堆積物の証拠からは震源までは特定できないが、もしかしたら大正型、元禄型に加え、外房型の津波の痕跡が混じっているため、見かけ上、頻度が高くなっているのかもしれない。

最近の研究では、関東地震はしばらく起きない、とは決して言い切れなくなってきている

それでは、仮に外房型地震があるとして、次はいつ起きるのだろうか。1703(元禄16)年に動いたのはわかっている。今は、それからすでに300年以上経っている。外房側の段丘の年代についてはまだよくわかっておらず、外房型地震の定義やそのくり返し性なども明確ではないので何ともいえないが、年間2~3センチメートルずつ歪みがたまっていることと、300年以上断層が動いていないことを考えると、現時点でも警戒するに超したことはないと言えるだろう。

ということで、関東地震はしばらく起きない、とは決して言い切れなくなってきた。私自身も大学院生時代からずっと、段丘のデータから関東地震は2つのタイプがある(逆に言えば2つのタイプしかない)ということを学会や論文誌上等で言ってきたし、一般向けの講演などでも「関東地震」に関してはしばらく起きないと言ってきた。しかし、最新のデータを改めて解釈すると、必ずしもそうとは言えなくなっ

た。これまでの見解を変えることに関しては大いに反省しなければならないのだが、私が学会で発表した外房型地震を今後正しく評価するには、外房の段丘の調査が不可欠である。年代をもっと細かく調査できる場所が見つかれば外房型地震の発生時期や発生間隔を推定することも可能になるに違いない。

しかし、調査には長い年月を必要とする。地道に海岸沿いを歩いてこつこつと調べる必要がある。結局はマンパワーに頼らざるを得ない部分が大きい。調査の現場に私がしっかりと張り付ければいいのだが、多くの業務を抱える現状では、常に張り付いているわけにはいかない。これまでマイナーであった古地震学の分野は、慢性的に人手不足で、地味な作業が多いことから学生も敬遠しがちである。今は、かつて修士論文で画期的な成果をあげた、宇野くんのような若いマンパワーが喉《のど》から手が出るほど欲しいと思っている。

揺れが小さいからといって安心していると、巨大津波の不意打ちを食らう可能性もある

以上のように、相模トラフのプレート境界を震源とするいわゆる関東地震は、新たなデータの解釈により、安心とは言い切れなくなってきた。また外房型地震だけではなく、さらに注意しなければならないことがある。それは、前述の延宝地震である。今回の東日本大震災の震源の南方を震源地としたといわれており、そこには歪みがたまっていると見られているのだ。これはまだ1つの説に過ぎないが、東海地震説を唱えた元神戸大学教授の石橋克彦先生によると、延宝地震の揺れ自体は小さく、最大震度は4程度だが、津波の大きい津波地震だったという。しかもその延宝津波の高さは、元禄津波の高さと同等、茨城ではそれ以上だったといわれている。つまり、揺れが小さいからといって安心していると、巨大津波の不意打ちを食らう可能性があるのだ。

前述のように、関東地震は段丘の地形からくり返し起きていることがわかってい

るが、延宝地震ではそのくり返し性がわかっていない。というのは、地盤の隆起というのは、基本的に直下で断層が動かないと起こらないからだ。元禄・大正の関東地震は震源が陸地にかかっていたため、地盤の隆起の痕跡が残ったが、震源が沖合の場合、地盤の隆起が陸地に伴わないため痕跡がわかりにくい。一方、津波堆積物についても、今のところ茨城、千葉の太平洋沿岸で津波堆積物の研究はほとんど進んでおらず、明瞭なものが見つかっていない。もし、そのくり返し性がわかれば、今危ないといわれている場所がどのくらい切迫しているのか、もわかるかもしれない。

ただ、難しいのは、1677年の延宝地震と1703の元禄関東地震は、津波の規模が似ているので、仮に九十九里浜で津波堆積物の調査をすれば、1地点で震源の異なる津波堆積物が似たような顔つきで混在することになってしまう。すなわち延宝地震の震源だけの純粋な評価が難しく、両者の分離には外房型地震の評価と相補的に行わないといけない。しかし、少なくとも巨大津波が襲来する頻度がわかるだけでも将来的には重要な情報になるだろう。

関東地方の地下深くは、沈み込んだ太平洋プレートとフィリピン海プレートが複雑に配置している

ここまで主に海溝型地震について述べてきたが、ここからは関東の内陸の地震について言及しておこう。本書では基本的に内陸を震源とするいわゆる「活断層」の地震は扱っていないが、関東地方の地下深くでは、沈み込んだ太平洋プレートとフィリピン海プレートが複雑に配置しているので、プレート同士の間で起こる地震が内陸直下で起こるのだ。このため、地震調査研究推進本部も相模トラフ沿いの地震活動の長期評価の中に、いわゆる首都圏直下とも言える南関東の内陸のやや深い震源の地震の評価も盛り込んでいる。多くの読者にとっても首都圏の直下で起こる地震は関心事であると思うので、ここで取り上げておこうというわけである。

前述したように、歴史上一番よく知られている首都直下型地震は1855（安政2）年の安政江戸地震である。M6・8で、江戸の下町を中心に震度6以上の揺れがあり、大きな被害が出た。家屋の倒壊の部分などから推定したところ、千葉県でも

市川、浦安が震度６に見舞われた。死者は７千人にものぼるとされる。

　その後、１８９４年明治東京地震（Ｍ７・０、死者31名）、１８９５年茨城県南部（霞ヶ浦）の地震（Ｍ７・２、死者９名）、１９２１年茨城県南部（竜ヶ崎）の地震（Ｍ７・０、死者なし）、１９２２年浦賀水道付近の地震（Ｍ６・８、死者２名）とＭ７クラスの地震が続いている。そして最も近い過去に起きた首都圏直下の地震として知られているのが、１９８７（昭和62）年の「千葉県東方沖地震」。千葉県東部のすぐ沖合直下で起こった地震であり、Ｍ６・７、最大震度５弱で、今回の東日本大震災の地震が起こるまでは大正関東地震（余震も含む）以降、南関東では最も揺れが大きい地震だったと思われる。この千葉県東方沖地震のときでも、東日本大震災と同じように湾岸地域の液状化が生じたが、液状化が問題になったのはこのとき以来といわれている。

　実は、このとき私は、この地震の震源のすぐそばにいた。当時、茂原市の高校に通っており、授業中に突然、地震は起きた。最大震度５弱とされているが、ブロック塀が倒れ、崖崩れも発生したので、実際はもっと大きい揺れだったはずと思っている。各地で屋根瓦が崩れるなど、揺れの被害が大きかったにもかかわらず、地震直後は千葉県北東部の震度は4とさえ伝えられていた。ご存じのように、今では各地の震度の速報は市町村単位で詳しく出る。これは市町村ごとに震度計が設置されているからだ。ところが1995年より前は、震度の情報は気象庁の各測候所にいる職員が体感で判断していたため、震源地から離れた場所にしか測候所がない場合は、最大の揺れが生じた場所の震度を正確に把握できなかったのである。

首都圏直下で起きるような地震は、今後もし起きてもM7クラスであろう

このように、首都圏の直下で起こった地震について挙げてみたが、それでは、これらの地震はいったいどのような震源で起きるのだろうか。地震調査研究推進本部が作成した113ページの図にあるように、首都圏の地下は非常に複雑で、陸側のプレートの下に東日本大震災の地震を起こした太平洋プレートと関東地震を起こしたフィリピン海プレートが沈みこんでいて、それらの沈み込んだ部分が首都圏の地下で接している。

図中の太線で示しているように、首都圏直下ではいろいろなタイプの地震が起こりうる。陸側のプレートの中で起こる（①）のが活断層の地震で、陸側のプレートとフィリピン海プレートの境界で起きる（②）のが関東地震だ。フィリピン海プレートが沈み込んだ中で、プレート自身が割れる（③）「スラブ型地震」というものもある。

1987（昭和62）年の千葉県東方沖地震が、このタイプの地震だったといわれている。陸側のプレートと太平洋プレートが接する部分で起きる（⑤）地震は、その最大規模が東日本大震災のような地震であるが、深いところで起こる場合は震源が陸地の直下となる。さらに、沈み込んだフィリピン海プレートと太平洋プレート自身の接触によって起きる（④）地震もあるといわれている。

このように、いろいろなタイプの地震が複雑に起こり得るのが、首都圏なのである。前述の安政江戸地震についても震源の深さがどれくらいであったか解明されておらず、どのタイプの地震だったかわかっていない。

またその他の地震については、1894年明治東京地震は④のタイプであった可能性があり、1895年および1921年の茨城県南部の地震や1922年浦賀水道付近の地震は③あるいは⑤のタイプとされるが、データが不確かで、解明されていないことが多い。しかも、スラブ型地震のように沈み込んだプレートが割れるややや深い震源の地震では、私たちが調査している津波堆積物や段丘などは残らない。つまり、顕著な津波も地殻変動も起こさないため、地震の痕跡が残らないので、履歴がまったくわからないのだ。

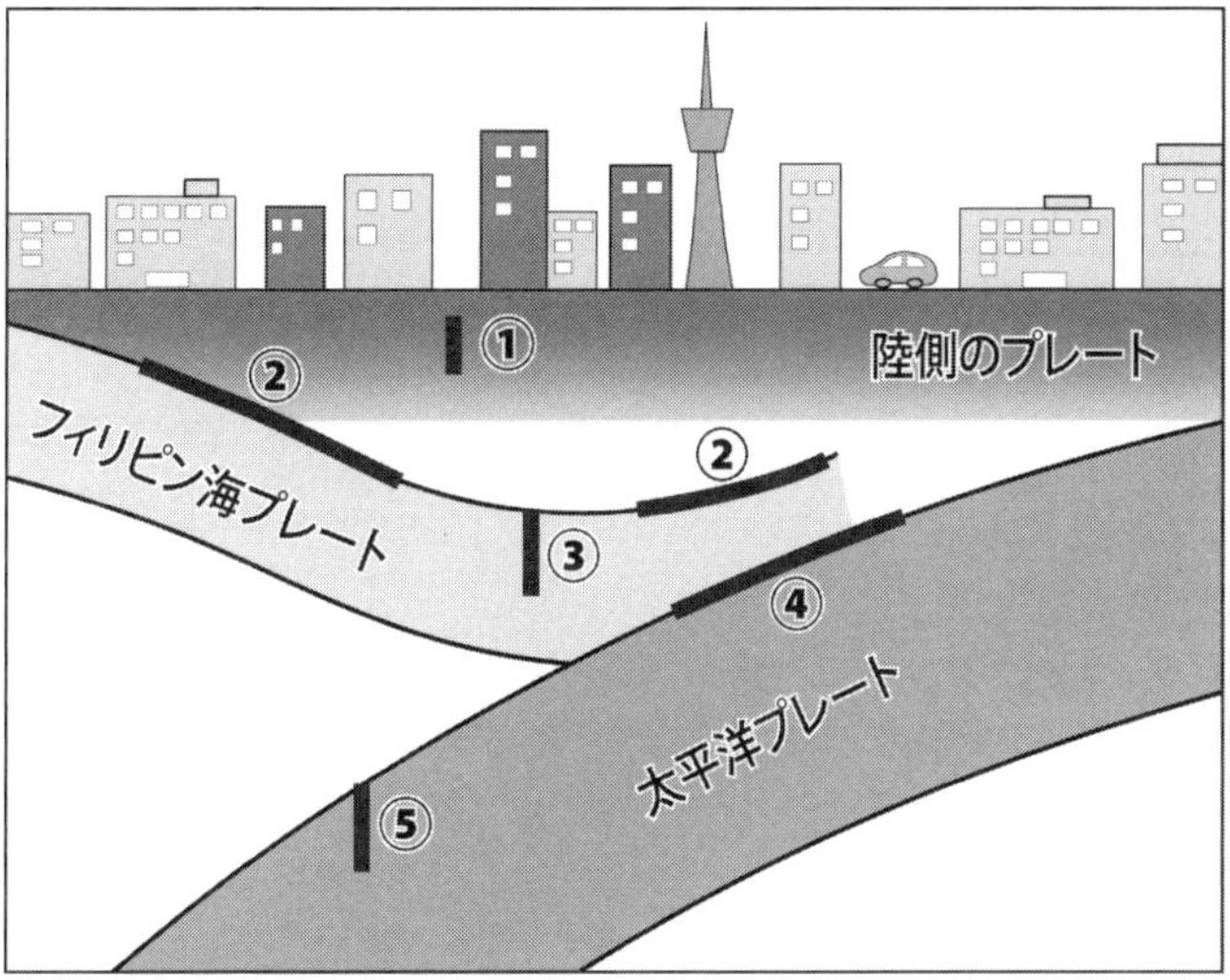

① 陸側プレート内
② フィリピン海プレートと陸側プレート境界（1923年大正関東地震など）
③ フィリピン海プレート内部（1987年千葉県東方沖地震など）
④ フィリピン海プレートと太平洋プレート境界
⑤ 太平洋プレート内部

首都圏における地下の構造と想定される地震のタイプ〔地震調査研究推進本部（2009）による〕

唯一、古地震学的に解明できるとしたら、液状化の痕跡である。液状化は震源が浅かろうが深かろうが、強い揺れが起これば生じるので、痕跡として残れば履歴解明につながる。液状化の痕跡は、よく遺跡の発掘現場で見いだされることが多く、それに基づく研究は「地震考古学」と呼ばれ、産総研の招聘研究員である寒川旭氏がパイオニアである。寒川氏はおもに関西地域で地震考古学の調査を行い、数々の発見がなされたが、関東地方では関西に比べて遺跡が少なく、今のところ地震考古学的な調査はあまり進んでいないのが実情である。

このように履歴どころか震源もあまり確かでない首都圏直下の地震は、いつ起きるかわからず、予測が非常に難しい。ただ、地震の規模自体は東日本大震災の時のようなM9が起きることはあり得ない。これまで紹介した地震の規模からもわかるように、首都圏直下で起きるような地震はM7前後と推測されるので、今後もし起きてもM7クラスであろう。

しかし、いつ、どこで、どういうタイプの地震が起きるかを古地震学的に予測するのはほとんど不可能である。地震調査研究推進本部は、南関東のやや深い震源でM7程度の地震が今後30年間で起きる確率を70％という非常に高い確率で出しているが、これは古地震学的調査による実証的データから算出したものではなく、単に統計上で出した数字であり、あまり信頼性があるとはいえないのだ。

他にも、図のようなデータがある。これは防災科学技術研究所理事長の岡田義光氏が作成したもので、関東地方でこれまでに記録したＭ６以上の地震を、大正関東地震の前の40年間（１８８３年〜１９２３年）と、そのあとの67年間（１９３３年〜１９９９年）に分けて出したものである。これを見ると、大正関東地震が起きる前に大きめの地震が起きていて、その後はあまり起きていないことがわかる。

また、首都圏の歴史上の地震の履歴を見ると、１７０３（元禄16）年の元禄関東地震の前の活動期に、やはり１６１５（元和元）年の「慶長江戸地震」（Ｍ６・４）、１６４９（慶安２）年の「慶安江戸地震」（Ｍ７・１）という大きめの地震が起きている。そして、元禄関東地震のあとに静穏期に入り、また活動期になると、１８５５（安政２）年の安政江戸地震（Ｍ６・９）、１８９４（明治27）年の「明治東京地震」（Ｍ７・０）と大きめの地震が起きて、１９２３（大正12）年の大正関東地震が発生している。この履歴から、今は静穏期なのではないかと見る説がある。

首都圏直下の地震に対しては、安政江戸地震をはじめとする過去のＭ７クラスの

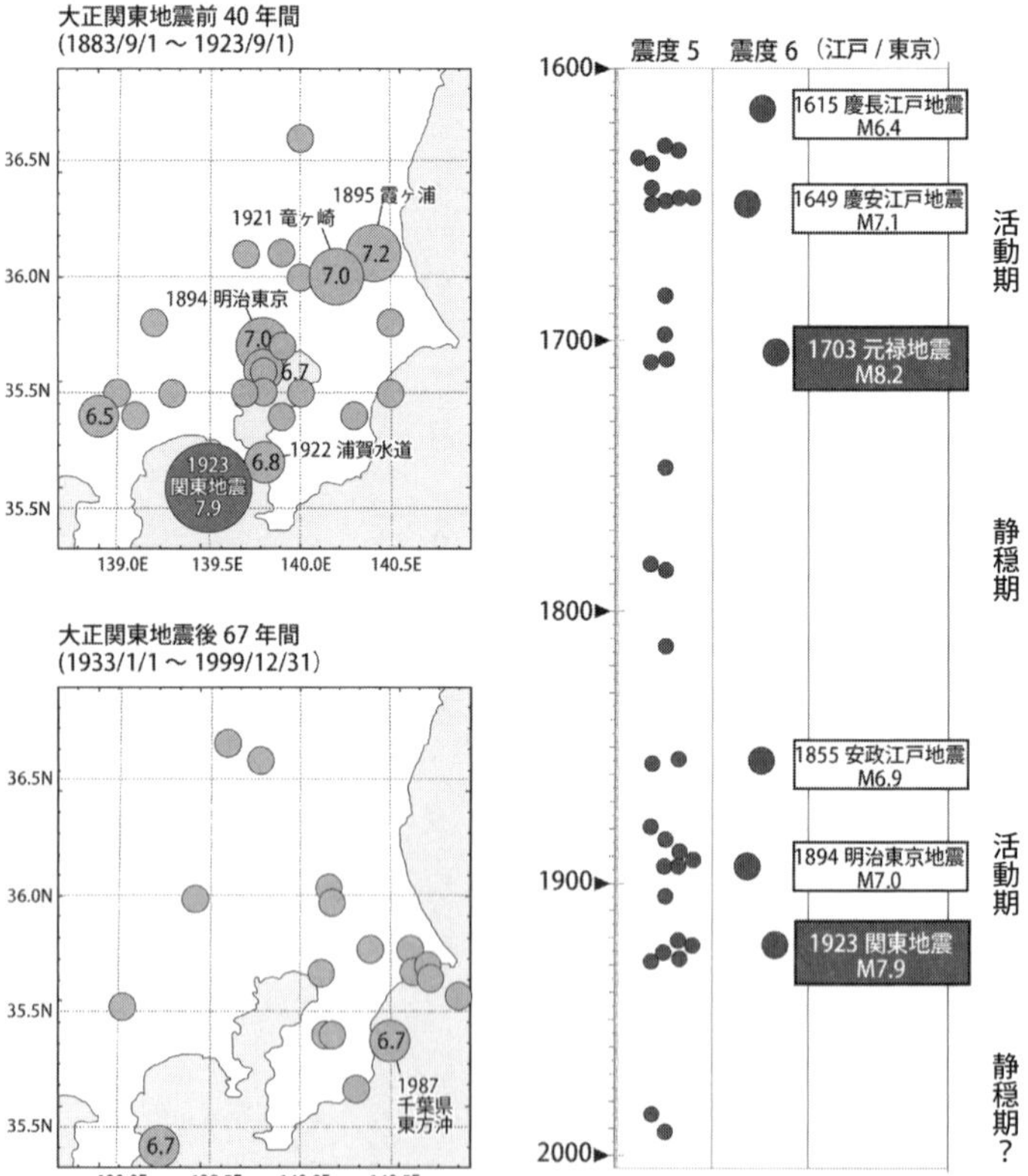

関東地方における過去の地震活動

岡田(2001)に基づいて作成

地震の実態を解明し、同じ規模の地震が再来したときにどのような揺れが起こるかを正確に把握することが重要だ。震源の深さが30～80キロメートル程度、マグニチュードも7前後と想定できるのであれば、それを首都圏のいろんな場所でシミュレートするしかない。中央防災会議では、そのようにしていくつかのパターンで被害想定をしている。また、首都圏直下の地震はいつくるか直前までわからないからといって、いたずらに怯えて暮らすのではなく、もし起きたらどうなるかを知り、そのときに備え、対応できるよう心構えを持つことが大事である。

第4章
東海大地震は必ず来る

まず確実に言えるのは、東海沖に大地震は必ず起きるということ

関東地震と並んで、その発生が心配されているのが東海地震である。仮に静岡県で大地震が発生すれば、県内には浜岡原子力発電所があるだけに、東日本大震災と同じように、地震・津波に加えて原発施設の損壊による放射能の放出という危険性もある。その危険性を重く見た菅直人首相は、5月6日、浜岡原発の全面停止を決定したこともあり、東海地震がもたらす被害の大きさははかり知れないくらい大きいということが、世間の共通認識となった。

そこで、本章では東海地震をはじめとする南海トラフ沿いの地震の危険性について検討していくが、まず確実に言えるのは、東海地震は今世紀中に必ず起きるということ。より正確に言えば、南海トラフを震源域とする東海地震、東南海地震、南海地震はいずれも今世紀中に起きる確率がきわめて高い。地震調査研究推進本部などでは、東海地震は「いつ起きてもおかしくない」と公式に述べられているし、紀

伊半島の潮岬《しおのみさき》付近を境に、東側が東南海地震、西側が南海地震の震源域となっているが、いずれも今後30年以内の発生確率は60～70％以上といわれている。ただし、それが明日なのか、30年後なのかは、残念ながら現状ではわからない。

南海トラフは直前予知が可能な場所であるとよくいわれるが、それは戦時中に起きた１９４４年東南海地震において、地震の数日前から前兆現象とも言える地殻の異常な変動が観察されていたからである。このほか歴史的に過去の東海・東南海地震や南海地震の直前に井戸が涸れたとか、道後温泉や湯の峰温泉といった有名な温泉で異常があったという記録があり、すなわち前兆現象が起こるかどうかを注意深く観察していれば、数日前にあらかじめ地震が起こることを知ることができるのではないか、という訳である。

現在、南海トラフ沿いには様々な観測機器が設置され、地殻の歪みの変化などが常時観察されている。しかし今のところ前兆現象が必ず起こるという保証はないし、直前予知が成功するかどうかは実際に起きてみないと分からないという状況である。

一方、今回の地震でも問題になったのは、規模の評価だ。大きな地震が来るのは確実なので、あとは、その規模を知る必要がある。南海トラフ沿いというのは、おそらく世界で一番、地震の履歴がわかっている場所であり、最も古い地震の記録は684（天武13）年に起きた「白鳳《はくほう》地震」。その後、887（仁和3）年、1096（永長元）年、1099（康和元）年、1361（正平16）年、1498（明応7）年、1605（慶長10）年、1707（宝永4）年、1854（安政元）年、1944（昭和19）年、1946（昭和21）年に大きな地震があったことが、古文書に記録されている。

このなかでは、1707年の「宝永地震」の規模が大きかったと言われている。東海地震、東南海地震と南海地震が連動した地震といわれ、今回の東日本大震災の地震が起こるまでは、日本の歴史上最大規模の巨大地震といわれていた。図中、横の線でつなげたのはそれぞれの地震が連動したことを示している。また、×印のある場所は、おそらく地震が起きていないと思われる場所だ。

過去の地震の履歴を見ると、地震再来の間隔は100～200年である。しかし、古ければ古いほど歴史記録の欠損している可能性が高く、古い時代には、記録されていない地震の発生があったかもしれない。そこで、記録の信頼性が高い最近の時代に注目すると、その間隔は100～150年。直近の大地震は、「昭和東南海地震」の1944年と「昭和南海地震」の1946年であり、その前は1854年の「安政東海地震」とその約30時間後に起きた「安政南海地震」である。昭和の地震の100年後ということは2044年、2046年、150年後でも2094年、2096年なので、いずれにしても今世紀中に起きることはほぼ間違いないと思われる。

南海トラフ沿いで起きたそれぞれの地震の履歴を見ると、1944年に東南海地震が起き、1946年に南海地震が起きているが、東海地震は安政の地震以来、150年以上起きていない。そこから、次に起きるのは東海地震である、というのが東海地震説の根拠だ。しかし、来る、来るといわれ続けて、30年以上起きていない。

それでは、東海地震はもう起きないのか、というとそんなことはない。やはり、今世紀中に必ず起きることは間違いないのだが、東海地震だけ単独では起きない。歴史的に東海単独で起こったという記録はないし、おそらく、東海地震は東南海地震や南海地震と連動して起きると見られているのだ。つまり少なくとも昭和の地震より規模が大きくなる可能性が高いのである。次起こる地震の規模の評価においては、やはり過去の履歴からその規模を正確に把握する必要があるだろう。そこで、まだ研究途中の段階だが、我々のチームが現在行っている古地震調査の一部を紹介したいと思う。

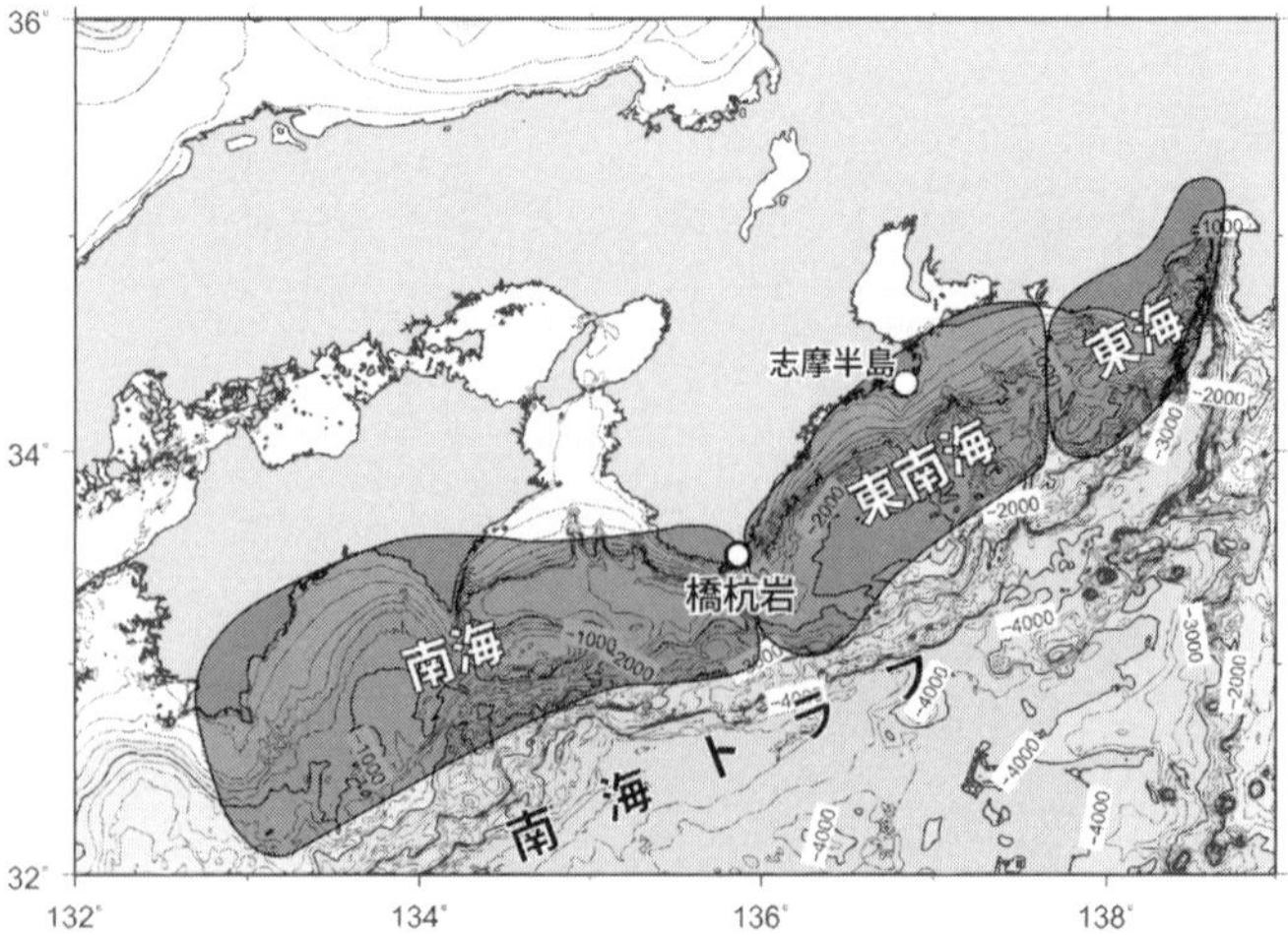

	南海地震		東南海地震		東海地震
1946年（昭和）	●		1944年●		×
1854年（安政）	●	←30時間後	●	―連動―	●
1707年（宝永）	●	―連動―	●	―連動―	●
1605年（慶長）	●	?	●		×
1498年（明応）	○	?	●	―連動―	●
1361年（正平）	●	?	●	?	?
1099年	●		1096年●		?
887年（仁和）	●	?	○	?	?
684年（白鳳）	●	?	○	?	○

● 古文書に記録のある地震（揺れや津波，地盤の変動などが記載されている）
○ 遺跡に液状化などの記録のある地震

寒川（2001）などを基に編集

南海トラフ沿いにおける地震の履歴

南海トラフ沿いに想定される東海・東南海・南海地震の震源域（上の図）とそれぞれの震源での発生履歴（下の表）

こんな大きな岩を運んだ巨大なパワーは何かといえば、おそらく津波だろう

潮岬に橋杭岩という観光地がある。そこの海岸には、塔のように突き出た岩が並んでいて、まるで橋脚が一直線に立ち並んでいるように見えることからその名が付いたと思われる。その手前には大きな岩塊がたくさん散らばっている。賽《さい》の河原のようにも見えるが、1つひとつの岩がとても大きい。人工的に並べたものだとしたら、その目的も不明だが、運ぶには大変な労力を必要としたに違いない。

広島大学教授の前杢《まえもく》英明氏は、この不思議な岩塊を漂礫《ひょうれき》と呼び、津波によって運ばれたと考え、4年前より私たちの研究チームとともに調査を行っている。橋杭岩の元となった岩石は、千数百万年という大昔に地層の割れ目に沿ってマグマが噴出し、それが急激に冷えてできた火成岩である。火成岩が筋状に延びる岩脈が、長い年月の間に侵食を受け、火成岩の周りの泥が固まった岩石はなくなり、火成岩の部分だけが侵食に耐え、残った。散らばっている漂礫も、全部火成岩からなる岩である。

和歌山県串本町の国指定天然記念物「橋杭岩」。橋脚が一直線に立ち並んでいるように見える(上)

橋杭岩の手前の波食棚上には巨大な岩(漂礫)がゴロゴロと散らばっている(下)

この火成岩というのは、岩脈の部分にだけしか分布していないので、この辺りにある火成岩からなる漂礫は岩脈の部分から運ばれたとしか考えられない。では、こんな大きな岩を運んだ巨大なパワーは何かといえば、おそらく津波だろうということになるわけだ。

砂をたくさん内陸奥まで運ぶような浸水規模でないと堆積物は地層に残らない

他にも、台風や高潮でも漂礫は動くのではないかと考えてみた。そこで1975年と2007年の空中写真を比較してみたが、小さめの漂礫を除き、ほとんど動いていない。この期間中には台風もたくさん来たはずだ。それでもほとんど動いていないということは、台風程度の並のエネルギーでは動かなかったということである。

さらに地元郷土史誌に1900年に写された遠景写真があったので、同じ場所で写真を撮って比べてみたが、さほど変化はないように見える。この間に昭和の東南海、南海地震を経験しているのにもかかわらず、である。つまり並の津波でも大きくは動かないようなのだ。このことから漂礫を動かしたのは、より巨大な津波であることが推測できる。現在、当チームの行谷研究員によって、現地での摩擦係数の測定から漂礫を動かす波の流速を検討中だが、どうやら1707年宝永地震クラスの津波の規模が必要なようである。

また、漂礫には、牡蠣《かき》やフジツボのような殻を持つ生物が付着している。これらの固着生物について、現在生息している個体を観察すると、満潮時に水につかり、かつ陽の光に当たりにくい岩の下のほうに分布しているのだが、それがひっくり返っていて、漂礫の上面の水につからないところに干上がった化石として残っているものが見つかる。つまり津波によって漂礫が運ばれ、ひっくり返ってしまったわけだ。いくつかの漂礫について、それらの化石の年代を測ってみると、12～14世紀と17～18世紀に年代測定値が集中していることがわかった。おそらく後者の17～18世紀に岩を運んだ津波が、宝永地震の津波である可能性が高い。

前述したように、宝永地震は連動型の大きな地震だった。そのくらいの大きな規模でないと岩はひっくり返らないと見られる。その前の地震は12～14世紀であり、その間隔は400～600年ということになる。前述のように南海トラフ沿いでは100～150年間隔でくり返し地震が起きているのだが、3～4回に1回程度、津波の規模が大きくなっているようなのだ。

ところで私たちの研究チームでは、三重県の志摩半島でも津波堆積物の調査を行っている。元産総研で現在筑波大学の藤野滋弘氏が沿岸の低湿地でボーリング調査をしたところ、そこは元々、泥炭がたまるような環境なのだが、その中に何層もの海の砂が挟まっていた。

深さ約6メートルまでの間に合計で9枚の砂の層が見つかった。その年代を測ってみると、一番古くて4500年前頃だったので、平均すると400~500年間隔で砂の層が堆積していることになる。これは橋杭岩の津波石の2回の移動時期とほぼ同じ間隔である。すなわち地層に残る規模の津波の発生間隔は、通常の100~150年間隔よりも長く、逆に言えば砂をたくさん内陸奥まで運ぶような浸水規模でないと、地層には残らないのである。

このようにまれに規模が大きくなる津波の痕跡は、これまで紀伊半島や志摩半島だけでなく南海トラフ各地で見つかっている。高知大学教授の岡村眞氏のグループも高知県沿岸などで精力的に調査を行っており、今後はこれらのデータ間の対比などから震源域の拡がりなども検討し、過去の津波のイベントがそれぞれどれくらいの範囲で影響を与えたのかを評価していく必要があるだろう。

岩盤と接する漂礫の下部には現成のフジツボやカキ、ヤッコカンザシなどが付着している（上）

漂礫の上面に付着する化石化した生物遺骸。本来の生息位置ではないことから、漂礫が移動し、ひっくり返った証拠となる。年代は17～18世紀頃を示し、1707年 宝永地震による津波が漂礫を運んだ可能性が考えられる（下）

ヤッコカンザシが海面の高さを示してくれるため、地盤の隆起を知るいい指標になる

こうした津波の痕跡を調べて、大きな津波の発生間隔がわかり始めてきたわけだが、津波以外に地盤の隆起の痕跡もある。

関東地震における房総半島や三浦半島と同様に、東海・東南海・南海地震の際には御前崎や潮岬、室戸岬、足摺《あしずり》岬といった太平洋に突き出た岬の周辺は隆起する。地震前はプレートの沈み込みによってこれらの岬を含む半島は少しずつ沈降していくのだが、地震時には一気に跳ね上がるのだ。昭和の南海地震では潮岬で1メートル近く隆起したようである。このような隆起がくり返しているとすれば、関東地震と同様に、隆起の痕跡からその履歴が解明できると考えられる。

しかしながら南海トラフ沿いの地域では、房総半島ほど細かく段丘が発達していないため、隆起痕跡の調査には、段丘ではなく生物の化石を使った。その化石とは、おもに「ヤッコカンザシ（*Pomatoleios kraussii*）」と呼ばれる岩礁の固着生物からなる石

灰質の生物遺骸群集だ。

ヤッコカンザシはゴカイの仲間で、本体はグニュグニュした軟体動物だが、石灰質の管状の殻を作り、その中に住んでいる。潮の満ち引きする岩礁のちょうど平均海面ぐらいを好んで固着し、生きている。このヤッコカンザシのように海面付近に固着する生き物は、地盤が隆起して海面よりも高いところへ持ち上げられると、干上がって死滅し、化石となる。だからヤッコカンザシのような化石がある場所が、かつての海面の高さを示してくれるため、地盤がどれくらい隆起したかを知るいい指標になるのだ。

紀伊半島南部でこの生物化石について調査を行ったところ、那智勝浦町の海岸では、標高0・7メートルほどのところ、潮岬の近くでは1・32メートルのところに、それぞれヤッコカンザシの化石が見つかった。その化石のサンプルから放射性炭素同位体を測り、年代を調べたところ、宝永地震のときに隆起したことがわかった。しかし、その後の安政、昭和の2回の地震で隆起したことを示す化石は、今のところまだ見つかっていない。

昭和の地震に関しては、当時の陸地測量部などの観測から地震前後の地盤変動の

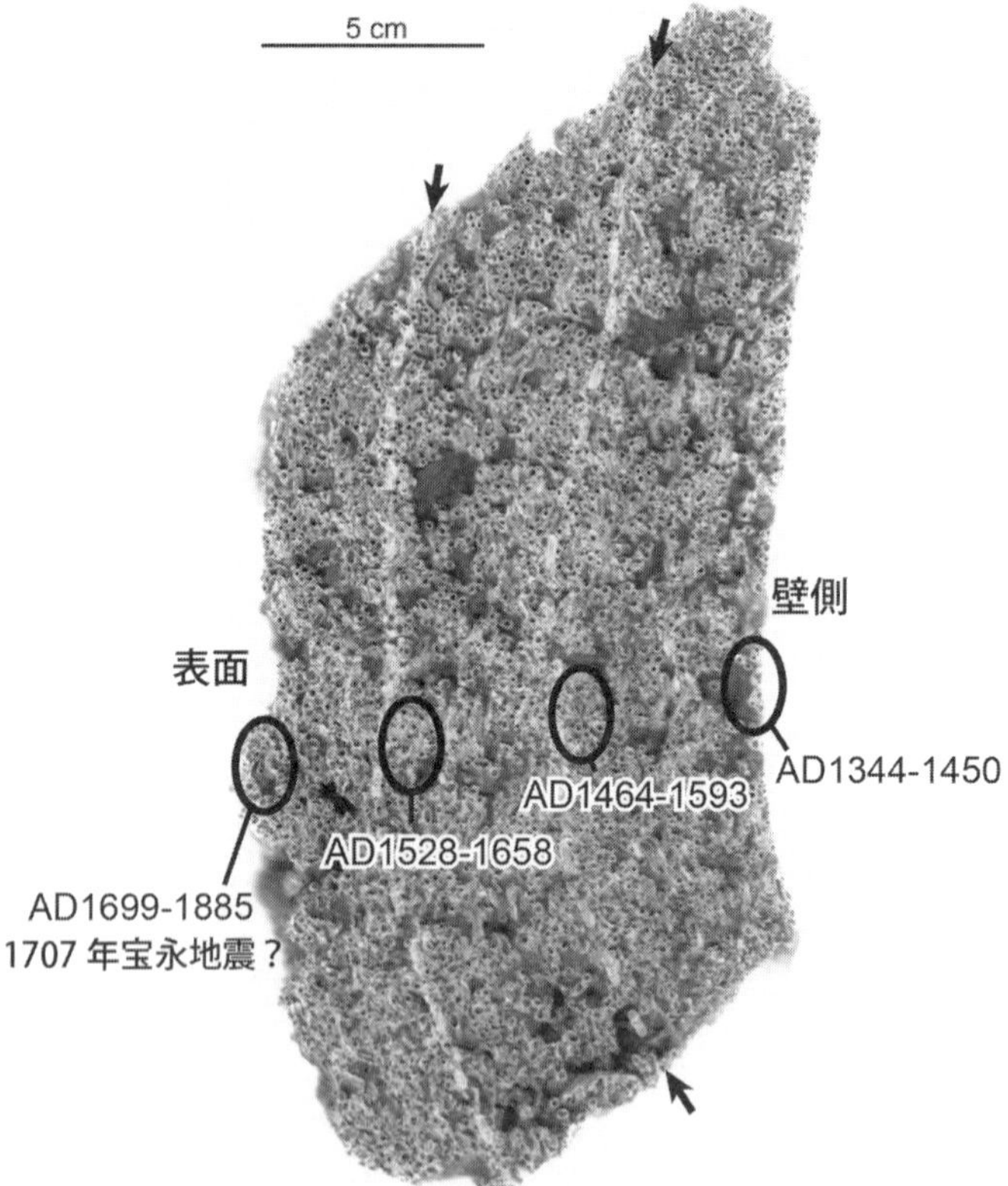

和歌山県那智勝浦町山見鼻で採取した
厚く発達するヤッコカンザシ群集の断面写真

矢印を示したところに成長の不連続を表す不整合がみられる。丸で囲ったところで年代測定を行った結果、各不整合が100～150年ごとに形成されており、全体として400年程度かけて発達したことが明らかになった〔宍倉ほか(2008)による〕

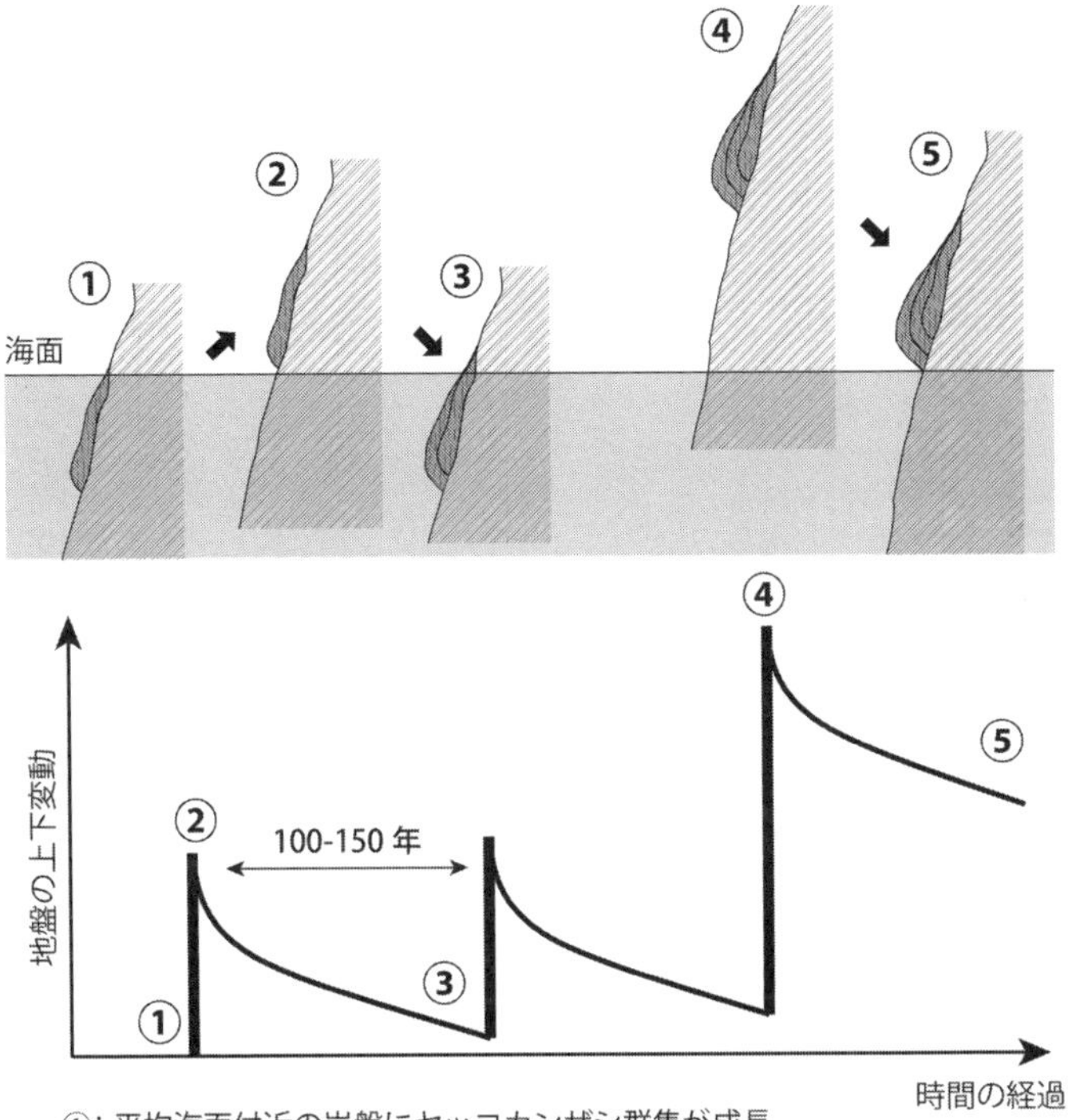

①：平均海面付近の岩盤にヤッコカンザシ群集が成長
②：地震時の隆起で干上がり、化石化
③：地震間の沈降で元の高さに戻り、新たな群集が化石を覆って成長
④：通常よりも大きな隆起で干上がる
⑤：地震間の沈降でも元の高さに戻らず、全体が完全に化石化

ヤッコカンザシ群集が厚く発達するプロセス

情報が多少はわかるのだが、それによると地震の時は1メートル近く隆起するものの、それ以外の時は地盤が少しずつ沈降している。このため、結果的に隆起の痕跡は目立つ高さには残りにくいのかもしれない。逆に宝永地震だけがはっきりと痕跡を残しているので、大きな隆起だったことがうかがえるのだ。

その那智勝浦町で隆起の痕跡を調べていたら、よく成長した化石ヤッコカンザシ群集が見つかった。標高も0・7メートルほどのところであったので、おそらく宝永地震のときに隆起したものだろうと思われた。ヤッコカンザシは通常、垂直の岩盤に1層だけ薄く（厚さ1～3センチ）へばりついている。ところが、この群集は厚さが約10～15センチもあった。

このヤッコカンザシの群集を丸ごと採取して、断面を切って調べてみると、上下に延びる2条の筋状の構造が確認され、多層構造をなしていた。その筋の辺りで群集の密度が変わっており、ヤッコカンザシ以外のフジツボ類などが混ざっていたことから、それは群集の成長の不連続ではないかと考えた。つまり、岩に付着して死滅したヤッコカンザシの群体の上から、新しいヤッコカンザシの群体がまた付着してさらに成長するなかで、成長が途中で不連続になっているのは、成長が止まって

和歌山県新宮市で観察される現成のヤッコカンザシ群集。干潮時に撮影。
上の写真の白い枠の部分を拡大したものが下の写真である

和歌山県那智勝浦町山見鼻で発見した厚く発達する化石ヤッコカンザシ群集(上)
採取した試料を岩石カッターで裁断し、断面を観察する(下)

いる時期があるということである。

　これはどう解釈したらよいか。考えられるのは、平均海面のところで岩肌に付着しているヤッコカンザシが、地震で隆起して干上がる。これで一旦、化石化して成長が止まり、そこに平均海面より高いところでも生息できるフジツボ類が付着する。その後沈降していき、その上に再び新たなヤッコカンザシの群集が付着する。そうして不連続面ができるが、その後また隆起して、同じようなプロセスが起きて層構造となる。ところが、あるとき、非常に大きな隆起が起き、その後の沈降でも完全には元に戻らず、そのまま離水して化石になった、と解釈できるのだ。

　このアイデアは、前述の前杢教授が室戸半島でのヤッコカンザシ群集の研究成果ですでに出されていたが、今回、紀伊半島でも見つかり、特に歴史地震に関連する化石が見いだされたのである。

経過年数が経てば経つほど巨大地震の満期に近づく

前述した断面でサンプルをとって年代を測定したところ、1層1層が100〜150年ごとに形成され、約400年かけて全体が成長していることがわかった。つまり、100〜150年サイクルの隆起と沈降をくり返し、400年に1回ぐらい大きな隆起があって、その400年かけて成長したものが陸に上がっている、と推測できるのだ。ここ以外にも、いくつかの場所でもっと古い時代のものをサンプリングしているが、同じように断面を切ってみると、4500〜5200年前の間に成長していたものや、1600〜2200年前の間で成長していたものが見つかっている。そういったものから、通常より大きな隆起を伴うイベントが、400〜600年の間隔で起きていると考えられ、その最新のものが1707年の宝永地震だったと推測できるのである。

以上をまとめると、潮岬の津波石、志摩半島の津波堆積物、そして、那智勝浦町の隆起の痕跡は、どれも４００〜６００年に一度、規模が大きくなっている。このほかに我々の研究チームでは、東海地震の影響を最も受けている静岡県富士市や沼津市でも、古地震調査を行っており、痕跡に残るようなイベントはまれにしか起きていないことを確認している。そして、最新の巨大イベントが宝永地震である。経過年数は、宝永地震から見ると３００年余りであるから、もし仮に今すぐ起きれば、巨大イベントにならないかもしれない。しかし油断は禁物である。

１００〜１５０年間隔で起きているなかで、ときどき巨大化するということであれば、まだ３００年余りといえる。しかし、次に起こる地震については、東南海地震や南海地震が連動し、宝永地震のように巨大化する可能性を考慮すべきだ。自然現象のサイクルにはある程度のゆらぎを考慮すべきだし、現時点で昭和の地震から60年あまり経ち、もし１００年後と見るとしたら２０４４年と２０４６年であり、そうすると経過年数はおよそ３４０年となってくる。どんどん４００年に近づいているのだ。つまり、経過年数が経てば経つほど巨大地震の満期に近づくというわけである。

東海地震、東南海地震、南海地震が必ず連動する、とはまだ言えないが、その可能性を考慮して対応するべきである。これらの志摩半島や潮岬の研究はまだ途中なため、自信をもってまだ予測できる段階ではないが、南海トラフ沿いの地震がまれに巨大化することが、これくらいの間隔で起きていることはわかっている。さらに、違った場所でとったデータがそれぞれ同じように、通常の100〜150年のサイクルと異なる巨大な地震が起きていたことを示しているのである。

地殻のバランスが崩れて誘発される地震や火山噴火が起こり得るので注意が必要

ところで、東日本大震災から４日後の３月15日、静岡県東部を震源とするＭ６クラスの地震が発生した。富士宮市では震度６強を記録し、多くの人が、いよいよ東海地震が起きるのかと心配したようである。また、東日本大震災の地震の影響が東南海や南海にまで及ぶことを恐れた人も少なくなかったという。

私も緊急地震速報を見た瞬間にゾッとしたが、しかし、私は今回の地震の東海・東南海・南海地震への直接的な影響については否定的な考えだ。なぜなら、東日本大震災の地震の震源域と東海、東南海、南海地震の震源域とではプレートが違うからである。東日本大震災の地震では太平洋プレートが陸のプレートと接していて、それがすべって地震が起きた。東海、東南海、南海地震の震源域はフィリピン海プレートなので、直接的に関連はしていないと思う。

とは言うものの、太平洋プレートに関わっている地域は、従来考えていたサイクル以外のものが起きている可能性が十分にある。特に注意しなければならないのは、東日本大震災の地震で牡鹿《おしか》半島が5メートル以上も一気に水平方向に動いたということ。日本海沿岸のGPS観測地点では1メートル程度だったので、つまり東北地方の陸地を載せた地殻が、相対的に4メートルも一気に引き延ばされたことになるのだ。それだけ地殻が伸びると、当然、地殻のバランスは崩れる。それによって、東日本の活断層や火山活動に影響を与えることは間違いないだろう。

実際、4月11日に、気象庁では「余震」と言っているが、いわき市の内陸に地震があり、活断層が動いている。日本ではめずらしい正断層型の活断層による地震である。なぜめずらしいかというと、日本列島は多くの場所で、地殻が横から押されて圧縮されている。この圧縮されたひずみを解消するときに起こる地震は、たいてい逆断層だったり横ずれ断層だったりするのだが、正断層は、地殻が引っ張られて起こる地震なのだ。これはすなわち3月11日のM9の地震によって地殻が引っ張られたからこそ起こった地震なのである。

気象庁は余震と言えば都合がいいので、この地震も余震の一つとしてひとくくりにした。しかし、プレート境界で発生していれば余震と呼んでもいいが、内陸の浅いところで起きているので、厳密には余震と呼ぶのは正確ではない。本来、単体で活断層の地震が起きたと考えるべきなのだ。今後は、こうした地殻のバランスが崩れたことにより発生する地震や火山噴火が、東日本で起こり得るので、注意が必要である。

東海、東南海に地震が発生した場合、関東の外房型地震にも影響するのか気になる

貞観地震の頃の歴史をひも解くと、当時の日本は地震活動や火山活動が活発であり、富士山や阿蘇山が噴火したなどという記述が古文書に残されている。そのため、東日本大震災の地震によって富士山や阿蘇山が噴火するのではないかと危惧《きぐ》する人が多くいた。また、それを警告するようなメディアもあった。これについて、私は、東日本では地震活動と火山活動とは関連があると思うが、東日本大震災を起こした地震と阿蘇山の噴火とは関連しないと考えている。

前述のとおり、同じプレート内であったり、それに直接影響を受けた場所であれば、巨大地震によって他の地震が誘発されたり、火山活動が活発になることはあるだろう。たとえば元禄関東地震も宝永地震も、同じフィリピン海プレートで起きている。さらに、宝永地震のあとに、富士山も噴火している。この地震と噴火が関連があることは容易に想像がつく。宝永地震を起こした南海トラフの沈み込みの陸側

の延長部分が富士山であるから、宝永地震と富士山の噴火は関連して当然だと思う。逆に、東海、東南海に地震が発生した場合、関東の外房型地震にも影響するのか気になるところだ。なぜなら、どちらも同じフィリピン海プレートだからである。

第２部
著者に聞く
「調査・研究の最前線」

1、産業技術総合研究所について

――宍倉さんが所属している産業技術総合研究所（産総研）とは、どのような組織ですか？

宍倉　多様な6分野の研究を行う我が国最大級の公的研究機関です

日本の産業を支える環境・エネルギー、ライフサイエンス、情報通信・エレクトロニクス、ナノテクノロジー・材料・製造、標準・計測、地質という多様な6分野の研究を行う我が国最大級の公的研究機関です。

地質分野に関してはその歴史は古く、1882（明治15）年に農商務省地質調査所として設立されました。その後、農商務省は1925（大正14）年に商工省となり、1948（昭和23）年に商工省工業技術庁が設立されましたが、1949（昭和24）年の通商産業省の設立を受け、3年後（1952年）に工業技術庁は工業技術院に改編されました。このように改称・改編をくり返し、2001（平成13）年1月の中央省庁再編を経て、同年4月に独立行政法人として設立されたのが、現在の産業技術総合研究所（以下、産総研）です。

前身である工業技術院には、産業技術融合領域研究所、計量研究所、機械技術研究所、物質工学工業技術研究所、生命工学工業技術研究所、地質調査所、電子技術総合研究所、資源環境技術総合研究所、大阪工業技術研究所、名古屋工業技術研究所、北海道工業技術研究所、九州工業技術研究所、四国工業技術研究所、東北工業技術研究所、中国工業技術研究所の15の研究所がありましたが、これらすべての研究所と計量教習所が統合され、産総研となりました。

――このなかの地質調査所の研究や業務は、産総研にどのように移行されたのですか？

宍倉　阪神・淡路大震災を契機に地震関連の研究を充実させることになりました

これまで、地質調査に関する研究と業務は地質調査所が行ってきました。同研究所は英語では、Geological Survey of Japan と表記するように、世界各国には必ず地質調査所があります。日本では、地球科学に関する我が国唯一の国立総合研究機関として1882（明治15）年に創立され、以来、全国の地質図の作成や地下資源開発に関する調査、研究を行ってきました。1945年以降は新たな資源探査技術の開発や、海洋開発、地熱開発、環境保全など多方面にわたる研究、開発を行ってきましたが、なかでも重要なのが、地質図を作成したりして地質の状況を把握したりすることです。そのなかには、自然災害、地震の予測などの研究も含まれます。

組織の改編後、地震関連の研究と業務は、現在、私が所属している活断層・地震研究センターに移行されましたが、それまで活断層や古地震に関する部門は、スタッフが7、8人程度の小さな研究室のようなところで、あまり大きくはありませんでした。ところが、1995（平成7）年に起きた阪神・淡路大震災を契機に、地震関連の研究を充実させようということになり、産総研に移行してからも活断層・地震研究センターが設けられ、6つのチームに分かれて、それぞれ専門的な研究に取り組んでいます。

――活断層・地震研究センター内の6つのチームとは、どのような研究を行っているのですか？

宍倉　地震に関するあらゆるテーマが研究対象になります

次の6チームがあり、以下のような研究を行っています。

①活断層評価研究チーム

内陸および沿岸海域の活断層について過去の活動の歴史を解明し、それをもとに将来の大地震の発生を予測する研究を行っている。また、隣接する活断層の連動や通常の調査では認定しにくい活断層についても、新たな評価手法の開発を行っている。

②地震発生機構研究チーム

現実の地下深部の構造や断層にかかる力の状態、断層上での破壊の様子をコンピュータ上に再現し、将来起こる地震の発生時期や規模の予測を精度よく行うことを目指した研究を実施している。現在は、新潟県中越地域や糸魚川―静岡構造線、南海トラフの地震の予測研究を行っている。

③地震素過程研究チーム

地下深部における断層や岩石の挙動を明らかにし、地震発生機構の解明を目指している。そのために、過去に地下深部にあって現在地表に露出している岩石の地質調査を行っている。また、実験室内で高温高圧の地下深部環境を再現して、岩石や断層の変形様式を解明している。

④地震地下水研究チーム

地震予知研究を目的として、地殻活動と地下水変動の関連を把握するために地下水観測を1976年以来継続している。古文書、言い伝え等により地震前兆現象としての地下水異常は数多く報告されており、東海地震の危険性が指摘されて以来、東海地域に地下水位、温泉等の自噴量、水質、ラドン濃度等の観測網を整備している。

⑤海溝型地震履歴研究チーム

沿岸の地形や地層に記録された過去の海溝型地震に伴う地殻変動や津波の痕跡を調査し、長期間での発生間隔や津波規模の違いを明らかにする。その特徴を地球物理学的に解釈し、モデル化することで、被害予測に貢献する成果を社会に提供している。

⑥地震災害予測研究チーム

地震災害の原因となる強震動（揺れ）と断層変位の予測研究および効果的な社会還

元に取り組んでいる。地表変形の研究では、断層や撓曲の位置、変形の幅、媒質の変形特性などの地形・地質学的、地球物理学的情報の整理および数値計算を援用したズレの評価手法の研究を、都市部を通過する活断層を対象に進めている。

――各チームのスタッフは日々、どのようにして業務を行っているのですか？

宍倉　多いときで年間の約3分の1、現場へ出て調査データを集めます

私がチーム長を務めている海溝型地震履歴研究チームは、現在、私を含め5人の研究者と1人のアシスタントで構成されていますが、研究業務の内容は、現場での調査、研究室に戻って行う調査データの分析、さらに、その成果をまとめる研究論文の作成、などが挙げられます。多いときには、年間の約3分の1は現場へ出ています。

現場での調査の時間が多ければ多いほど調査データが豊富になり、分析の精度も高まり、より地震の予測に役立つわけですから、少しでも多くの時間、現場に出て調査を行いたいというのが、正直な気持ちです。しかし、つくばの研究室でもやるべき研究や業務があり、また政府、自治体や学会など外部の委員会活動、大学などの非常勤講師、講演などのアウトリーチ活動などもあって、調査だけというわけにはいきません。

それと、私たちは誰もが複数の研究プロジェクトのメンバーに入っており、常に複数の研究を続けています。何か1つの研究テーマだけをずっと追究できるのであれば、データもたくさん集まり、研究者にとってはそれが一番よいのでしょうが、ここではそれはかないません。もっと時間が欲しいというのが、本音です。

――宍倉さんが産総研に入るまでの経緯を教えてください。

宍倉　パズルが一瞬にしてつながるような感覚を体験し研究者の道へ

私は1969（昭和44）年に千葉県の房総半島の大多喜町というところで生まれました。大多喜町は房総の小江戸と称される城下町で、徳川四天王の一人・本多忠勝が建てた大多喜城がありますが、私の実家はその城下で江戸時代から商売をしています。周囲は緑が多く、よく遊び回りました。そうして野山を駆け回っているうちに、地形や地質に興味を持つようになったのです。

房総半島のここら辺は、何百万年前の古い時代には深い海の底だったところで、その地層が隆起して現在のような半島になりました。そのため、山に行くと、ゴルフ場の造成工事などによって縞模様になった地層を見ることができます。そんな光景を子どもの頃に日常的に見ていたわけですが、当時の私は、なぜ山を削ると縞模様が現れるのか、縞模様が何を意味するのか、などはよくわかりませんでした。しかし、地層を見るだけでワクワクしたものです。また、子どもの頃、親に天体望遠鏡を買ってもらい、星空を観察することも好きでした。

そんな身の回りの自然への興味は、高校で「地学」の授業を受けたことで一気に広がりました。たとえば、子どもの頃に図鑑や百科事典で図解されたマントルなど地球内部の構造を目にしたときには、なぜ地球のなかのことがわかるのだろうかと不思議でなりませんでしたが、地学の授業で地震波の伝わり方によってそれがわかるということを知って、まさに目からウロコのようになりました。

他にも、子どもの頃から疑問に思っていたことが、氷が溶けていくように次々と解消し、地学という分野の面白さを知り、こういう分野で将来、勉強できたらいいなと思うようになったのです。それも、ひとえに高校のときの地学の先生のおかげだと思っています。その先生は、他の高校ではよくあるような物理や化学の専門の先生が地学の授業を兼務するのではなく、本当の地学の専門の先生でした。それだけに、地学のことが好きで生徒にも熱心に教えてくれたのです。

あと担任の先生も地理がご専門で、特に自然地理が専門だったので、私の興味の分野に非常に近く、後に私が地学の分野に進むことを強く勧めてくれました。その担任の先生は、私の卒業論文のテーマであった房総半島の地形についてもとても詳しく、昨年、久しぶりにお会いしたときも、房総の地形のことについて議論を交わしました。

大学は千葉大学理学部地学科に進み、希望通り地学の勉強を続けていましたが、在学時はちょうどバブル期で、就職先は選り取り見取りという時代でした。そのため、当時の私には地学の研究が地味に思えて、華々しい民間企業への就職に食指が動いたこともありました。ところが、卒業論文のテーマである「房総の地形」の調査を続けていき、調査データがどんどん収集されていくと、あるとき、まるでジグソーパズルのピースが一瞬にしてみるみるつながっていくような感覚で、それまで見えなかったものが見えてきたのです。調査・研究というものが、こんなに面白いとは……と感動しました。

すると、こんなに面白いことを知ったら、もう他のことはできない。大学院に進んで、もっともっと専門知識を吸収したい。調査・研究を続けて、その先に見えるものを知りたい。それには修士課程の2年ではとても足りない。

というわけで、千葉大学の宮内崇裕先生の下で研究を続け、気づいたら博士（理学）号まで取得してました。こうして学位取得後の2000年7月に、ご縁があって、通産省工業技術院地質調査所（当時）に入所しましたが、翌年4月に独法化によって産総研活断層研究センターに所属が変更になったのです。今でも研究のモチベーションとなっているのは、卒業論文の時に味わった、ジグソーパズルが一瞬にしてつながる快感。それを何度も味わいたい、ということですね。

――地震の研究はいつ頃から始められたのですか？

宍倉　修士では「房総の地形」、これが発展して博士課程で「関東地震」をテーマに大学院では修士の頃までは、卒論のテーマである「房総の地形」について引き続き研究を進め、房総の地形がどうしてこのようにできたのかということなどを調べていました。すると、房総の地形の成り立ちを知る上では地震の影響を知ることが重要となり、博士論文では「関東地震」をテーマにしました。もっとも、この頃の研究では地震そのものの研究というよりも、地震によって大地が成り立っているということに重点が置かれていました。

地震そのものを詳しく研究するようになったのは、地質調査所に入所してからです。ここは地震の将来予測に役立てるための研究の場ですから、より地震の研究に特化していきました。津波堆積物の調査・研究をするようになったのも、地質調査所に入所してからで、当時、所内には佐竹健治（現・東京大学地震研究所教授）さんという津波研究のスペシャリストがいらっしゃいました。この佐竹さんに出会い、津波のことを知り、津波堆積物の調査にも連れていってもらったのです。ここが私の古地震研究の起点であり、現在の研究につながっています。

2、地震調査研究推進本部について

――東日本大震災の発生後、新聞やテレビ、週刊誌などマス・メディアでよく見聞きするようになった地震調査研究推進本部とは、どのような組織ですか？

宍倉　阪神・淡路大震災を契機に設立された政府の組織

1995（平成7）年に発生した阪神・淡路大震災を契機に設立された政府の組織で、地震に関する調査研究を一元的に推進するためにつくられました。それまで地震に関する調査研究は公的機関や大学などいろいろなところで行われてきましたが、それぞれが研究成果を発表し、ひとつにまとめられることはありませんでした。また、それらの成果は国民や自治体、防災を担当する機関に十分に伝えられなかったので、地震防災対策に十分に活用されることがなかったのです。

そんななか阪神・淡路大震災が発生し、戦後最大（当時）の被害をもたらすと、我が国の地震防災対策に多くの課題があることが明らかになりました。そこで、全国的、総合的な地震防災対策の推進が急務となり、国がそれぞれの研究成果をまとめることになったわけです。たとえば、この地域の将来の地震発生確率がどのくらいで、震度6の揺れに見舞われるとどうなるかというようなことを、国として発表すれば、自治体もそれを防災対策の指針にできます。こうして、同年7月に議員立法によって地震防災対策特別措置法が制定され、総理府に設置（現在は文部科学省に事務局）されたのが地震調査研究推進本部です。

同本部は「地震防災対策の強化、特に地震による被害の軽減に資する地震調査研究の推進」を基本的な目標とし、次のことを役割として掲げています。

①総合的かつ基本的な施策の立案
②関係行政機関の予算等の事務の調整
③総合的な調査観測計画の策定
④関係行政機関、大学等の調査結果等の収集、整理、分析及び総合的な評価
⑤上記の評価に基づく広報

――地震調査研究推進本部は、どのような専門家から構成されているのですか？

宍倉　**気象庁、国土地理院、産総研など省庁をまたがる専門家で構成**

地震調査研究推進本部は、気象庁や国土地理院（国土交通省管轄）、大学（文部科学省管轄）、産総研（経済産業省管轄）など省庁をまたがる政府の機関です。図のように、本部長（文部科学大臣）と本部員（関係府省の事務次官等）から構成され、その下に関係機関の職員及び学識経験者から構成される政策委員会と地震調査委員会が設置されています。

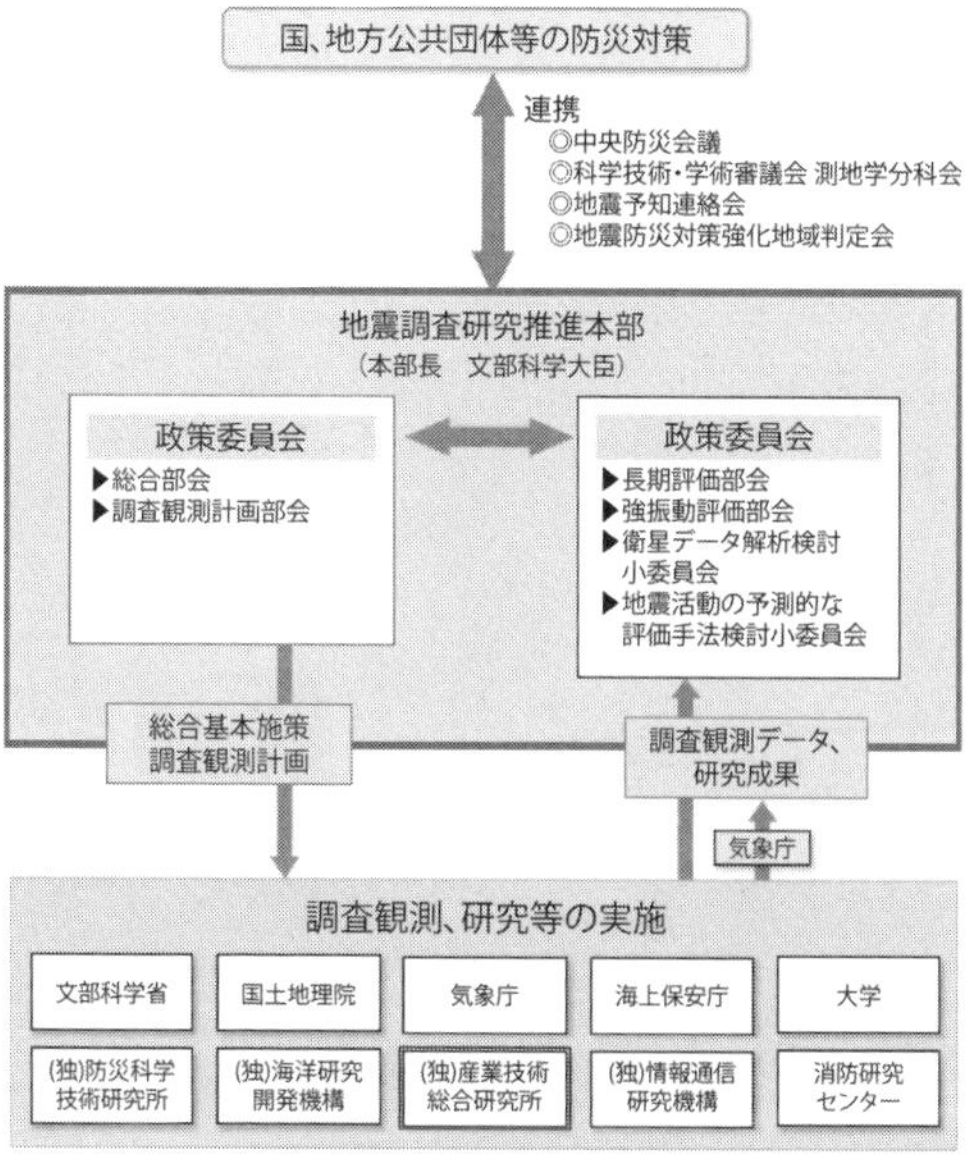

地震調査研究推進本部のHPより

――地震調査研究推進本部とは別に地震予知連絡会という組織がありますが、ここの違いは何ですか？

宍倉　現在起こりつつある現象について情報交換していく

地震予知連絡会（以下、予知連）は、1969（昭和44）年、地震予知に関する調査・観測・研究結果などの情報交換とそれらに基づく学術的な検討を行うことを目的に発足しました。事務局を国土地理院に置いています。予知連の構成メンバーは、地震に関する観測研究を実施している関係機関や大学の30名。会議は年4回開催され、関係機関や大学から報告された観測成果は、地震予知連絡会会報として年2回まとめられています。

予知連でも最新の研究を集約していますが、ここでは現在起こりつつある現象について情報交換していくというところに特徴があります。定例の会議では、一定の期間にどのような地震活動があったか、地殻変動はどうであったかを報告し、何か異常な地殻変動があれば、それが何であるのかデータを元に検討しています。

予知連は地震調査研究推進本部と似ているところもありますが、地震調査研究推進本部は具体的に毎月の地震活動の評価という形で公表しますし、どちらかというと、これまでに起きた過去の地震情報に基づいて将来の地震の長期評価をしたり、もし地震が発生したらどんな揺れが起こるかということを予測したり、といったところに特徴があります。

――地震調査研究推進本部の活動として、新聞やテレビ等で見聞きするようになった「評価」とは、どのように行われているのですか？

宍倉　**毎月、定期的に調査観測結果や研究成果を整理・分析して評価し公表**

２００９（平成21）年３月、地震調査研究推進本部は新たな地震調査研究の方針を示す「新たな地震調査研究の推進について―地震に関する観測、測量、調査及び研究の推進についての総合的かつ基本的な施策―」と称する「新総合基本施策」を取りまとめましたが、それによると、当面10年間に推進すべき地震調査研究の目標として次の３つを掲げています。

①海溝型地震を対象とした調査観測研究による地震発生予測及び地震動・津波予測

の高精度化
②活断層等に関連する調査研究による情報の体系的収集・整備及び評価の高度化
③防災・減災に向けた工学及び社会科学研究を促進するための橋渡し機能の強化

これらの目標を達成するために具体的に行っている活動の一つが「評価」です。毎月、定期的に「地震調査委員会」が開かれ、調査観測結果や研究成果を整理・分析して地震活動を総合的に評価し、その結果を公表しています。また、被害地震が発生した場合や顕著な地殻活動が発生した場合などには、臨時会議を開催して、地震活動の現状や余震の発生確率等についても評価を行っています。

地震調査研究推進本部が置かれている文部科学省では調査費用として予算をつけ、大学や研究所などの各研究機関に調査研究を委託しており、地震調査委員会では各研究機関から報告される調査結果を、毎月会議の場で評価するわけです。たとえば、ある地域の活断層について、地震の発生確率は何％であるということを会議の場で決定します。会議には段階があり、各機関からの調査結果は最初、分科会に上げられ、審議されます。その次に、部会に上げられ、審議を経て、最後に委員会に上げられ決定されるわけです。こうして決定されたものが、地震調査研究推進本部から公表され、自治体などの地震防災対策に活用されています。

――宍倉さんたちの研究チームが調査してきた「貞観地震」についても、地震調査研究推進本部の評価の対象になりましたが、それまでの経緯をお聞かせください。

宍倉　将来の津波に関して貞観地震をはっきりと表現しようという動きに

宮城県沖の地震について、文部科学省から東北大学へ調査、研究の業務委託があり、その予算のなかで関係各機関に予算配分があって、産総研もそれに加わりました。私たちが２００５（平成17）年から調査し、２００９（平成21）年までの調査結果を地震調査研究推進本部に報告していますが、実は、このときは分科会・部会・委員会という３段階の会議ではなく、部会から審議が始まりました。というのは、海溝型地震については、かつては分科会がありましたが、約10年の間に日本の海溝型地震の評価をほぼ終え、解散していたのです。したがって、今回の宮城県沖の調査はすでに存在している評価の「見直し」という意味であったため、わざわざまた分科会を立ち上げる必要はないだろうということで、部会から審議が始まったわけです。

こうして、2010（平成22）年に毎月のように部会が開かれ、私も出席しました。そして、2011（平成23）年1月におおよその内容が確定し、2月に委員会に上げられましたが、委員会では、たいてい少なくとも2回の審議をするので、このときも1回目では原案どおりにすんなりとは決まらず、公表は見送られました。

そこで出された意見として、「貞観地震に関する表現が弱い。もっと将来の津波についてはっきりと表現した方がよい」ということがありました。そこで、翌月（3月）の委員会で再度審議しようと準備をしていた矢先に、地震が発生し、巨大津波が襲ってきてしまいました。なんとも、うらめしい地震です。あともう数ヶ月でも地震の発生が遅れていれば、評価が公表され、多くの自治体に周知されたはずです。もちろんたった数ヶ月では具体的なハード、ソフトの対策は間に合わなかったと思いますが、少なくとも地震時の対応が違ったと思います。そうなれば、一人でも多くの人の生命を救えたのではないでしょうか。

——宍倉さんたちの研究分野である「古地震」が地震調査研究推進本部の評価の対象になったことには、どのような意味があるのですか？

宍倉　巨大地震については地質の情報でなければわからないことが多い

内陸の活断層で起こる地震の場合は、発生間隔が何千～何万年というように非常に長く、歴史記録で大昔の地震のことを知ることができないため、地質の情報から将来の発生確率を出すことが行われてきました。しかし、海溝型地震の場合は、通常は発生間隔が数十年とか100年というように短く、過去に何度もくり返した地震の歴史記録が豊富にあるため、歴史の情報だけでも十分に将来の発生予測ができると思われてきたのです。つまり、海溝型地震については歴史の情報で、ある程度評価できるし、当時は地質学的なデータがあまり充実していなかったこともあって、地質の情報が取り入れられにくかったという事情があります。ですから、これまで海溝型地震について地質の情報から将来の地震の発生確率を積極的に出そうとしたことは、関東地震などの一部を除いてほとんどありませんでした。

それだけに、私たちの調査研究の成果によって、海溝型地震についても、特に巨大地震については地質の情報でなければわからないことが多いということが明らかになり、貞観地震が評価の対象になったのは画期的なことだと思います。しかし、私たちの調査研究の成果が評価に取り入れられたとはいえ、東日本大震災の地震が起こる前は、専門家や研究者にはまだ十分、受け入れられたとはいえませんでした。ところが、東日本大震災の地震が起きたことで、一躍、古地震学の研究手法の有効性が認められ、今年（２０１１）６月に公表された中央防災会議の専門調査会の中間とりまとめのなかでも、できるかぎり過去に遡って古文書の分析や津波堆積物の調査などを進め、あらゆる可能性を考慮した最大規模の巨大地震・巨大津波を検討すべきことを提言しています。

まさに、東日本大震災を境に、古地震学を見る専門家の目も変わったと思います。地震学の主流は、現在起きている現象を地震計など器械観測でとらえたデータを解析する地球物理学の分野であり、専門家の間でも、私たちの研究結果を本気でとらえていなかった方が少なくなかったようです。

このように古地震学が注目されるようになったことは、以前からそれに携わる者として喜ばしいことなのですが、その反面、危惧していることもあります。これを機に国や各自治体が、被害想定を早急に見直すために、津波堆積物の調査・研究に一気に多額の予算を付ける可能性があります。しかし、現状では専門知識を持った人材が圧倒的に不足しており、そのお金を使って短期間のうちに調査をこなすことは難しいと思います。そもそも津波堆積物の調査は、1年や2年では良い成果は得られません。貞観地震の調査では、いろいろと条件が整っていたので、良い結果が得られましたが、それでも5年ほどかかっています。自治体が独自に調査を行った場合、たとえばある場所で津波堆積物の調査をしたが、痕跡が見つからなかったとき、その結果をもってすぐに「そこには津波が来なかった」と結論づけられてしまうことを私たちは恐れています。「ない」ことを証明するのはとても難しいのです。やはり可能であれば長期的な調査計画の元で随時情報をアップデートしながら被害想定を行っていくことが必要だと思います。

――地震調査研究推進本部が公表する「地震の発生確率」とは、どのように計算されるのですか？

宍倉　確率の計算のもとになっているのは地震の発生間隔

地震の発生確率とは、おもに今後30年以内に地震が発生する確率が扱われており、地震調査研究推進本部が全国の主な活断層や海溝型地震について予測し、公表しています。地震の規模であるマグニチュード（M）も一緒に公表しています。確率の計算のもとになっているのは、地震の発生間隔です。そこからBPT分布という確率統計の手法で算出していますが、ごくごく単純にみると、過去にくり返された地震が、たとえば100年間隔で発生していたとすると、その場所で最後に地震が起きたときから20年しか経過していなければ、次の地震が発生するまで、単純にまだ80年あるので、地震の発生確率は比較的低くなります。しかし、80年経過していれば、満期になるまでに20年しかないので、地震の発生確率は比較的高くなるわけです。もちろん実際はそんな単純ではなくて、いろいろとばらつきを考える必要があります。

前述したように、活断層で起こる地震は発生間隔が長く、海溝型地震は発生間隔が短い。このため、活断層で起こる地震のほうが一般的に海溝型地震より発生確率が低くなります。ちなみに、宮城県沖では地震の発生確率が99％と予測されていました。今回の地震では、想定された宮城県沖の震源が本当に破壊されたかどうかはまだわかりませんし、そもそも地震の規模がまったく違いますが（予測はM7・5

程度、実際はM９・０)、たしかに地震は発生しました。

また、１９５２(昭和27)年に北海道で起きた「十勝沖地震」は、２００３(平成15)年の段階で地震の発生確率は60%でしたが、地震が発生しました。したがって、地震の発生確率が60%であっても、起きるときは起きるわけです。

ただ、前回の地震が起きてから経過年数がまだ少ない段階、つまり地震の発生確率が比較的低い段階で地震が発生したとしても、その地震の規模はそれほど大きくならないという考え方があります。これは、前回の地震が起きてから経過年数がまだ少ない段階では、地震を起こす歪みがそれほど蓄積されていないという考え方です。実際、２００３年に起きた十勝沖地震の規模は、１９５２年に起きた地震よりも大きくありませんでした。逆に前回の地震の規模が小さかった場合、歪みの解放量が小さいので、次の地震まですぐに歪みの限界に達しやすく、地震の再来が早い、という考え方もあります。どちらが合理的な考え方かはまだ結論は出ていません。いずれにしろ、地震の発生確率の%も大事ですが、過去の地震がいつ、どれくらいの規模で発生し、それから現在までに何年経過しているかのほうがわかりやすいと思います。

しかし、経過年数が少ないといっても油断はできません。もし隣接する震源の地震の経過年数が多く、発生確率の高い地震が起きた場合には、その地震に連動して経過年数の少ない地震も発生することが考えられます。その意味では、その地震の震源の周囲の状況についても注意が必要です。

3、東日本の地震について

――東日本大震災のあと余震が何度も起きましたが、この余震はいつまで続くのでしょうか？

宍倉　常識的には地震発生から1～2年以内には大きな余震はおさまります

東日本大震災を起こした地震のような規模の大きい地震には余震がつきものです。阪神淡路大震災のときには、本震のあった日（1995年1月17日）から約2ヶ月の間に１６８８回もの余震がありました。東日本大震災でも、本震のあった日（２０１１年3月11日）から6日間に、Ｍ５・０以上の余震を２３５回にわたり観測しています。それまでＭ５・０以上の余震をいちばん多く観測したのは１９９４（平成6）年の「北海道東方沖地震」（Ｍ８・２）でしたが、東日本大震災の余震の回数はそれを上回り、過去最多の記録となりました。ちなみに、東日本では昨年（２０１０年）1年の間に、震度５弱以上の強い揺れは5回しかありませんでしたが、東日本大震災では11日以降の６日間に15回も観測されています。

この余震ですが、東日本大震災の地震の震源域で起こるものは、ごく小さな規模のものを含めれば何十年も続く可能性があります。ただ、震度４とか震度３というような体に感じる地震は、だんだん回数は減っていくでしょう。その回数まではっきりしたことは言えませんが、常識的に考えれば、地震発生から１~２年以内には大きな余震はおさまると考えています。たとえばＭ９・５だった１９６０年チリ地震では、本震から1年９ヶ月後にＭ７・５の余震がありましたが、それ以降は大きな余震は観測されていません。言い換えれば、同じ震源域内でＭ８を超えるような大きな地震が発生する可能性は低いと言えます。しかし、震源域に隣接した地域で大きな地震が誘発されることは十分考えられますので、注意が必要です。
2004年スマトラ沖地震（M9・1）では、地震から3ヶ月後に南に隣接する領域でM8・7の地震が起こりました。以後、スマトラ島やジャワ島周辺は次々に大きい地震が起きています。また、これは誘発と言えるのかわかりませんが、1960年チリ地震では50年後の2010年2月に北に隣接する領域でM8・8の巨大地震が起きていますね。

――北海道太平洋沿岸で大きな地震があった場合、その影響は関東地方にも及ぶのでしょうか？

宍倉　震源が遠くなる分、関東で感じる揺れは小さくなるが津波には注意が必要

東日本大震災の地震では、関東地方でも大きな揺れを感じました。北海道太平洋沿岸で大きな地震があった場合、東日本大震災の地震より震源が遠くなる分、関東地方で感じる揺れは小さいと思います。しかし、津波には注意が必要です。
北海道の千島海溝で発生する地震に関して不思議に思うのは、もし17世紀前半に千島海溝で大きな地震が発生し大きな津波が起きれば、当然、東北や関東地方にも津波が押し寄せているはずですから、それを記録した古文書が残されていてもよさそうなものなのに、その記録がないことです。当時の北海道は未開の地でしたから地震や津波の記録が残されていないのは理解できますが、関東にもはっきりした記録がないのです。当時は江戸幕府が開かれて間もない頃であり、まだ幕府も混乱している時期で、地震や津波の記録も正確に伝わっていないのかもしれません。

この謎について、1611（慶長16）年に東北で発生したと伝えられている「慶長三陸地震」が実は千島海溝で発生した地震ではなかったのではないかという説もあります。慶長三陸地震は三陸海岸から宮城県にかけて大きな津波による被害をもたらしましたが、実は、その巨大津波は千島海溝から襲来したものではなかったかというわけです。

また、千島海溝の連動型地震の震源断層モデルは、東北には津波の記録がないことから、東北への津波の影響は少ないと考え、東北には津波が来ないで北海道に津波が来るようにつくられています。しかし、記録がないと言うことが必ずしも津波が来なかったということを意味するわけではないので、もしかしたら東北にも実は千島海溝から発生した大きな津波が押し寄せていたかもしれません。
そこで今、私たちが注目しているのは、三陸からさらに北の下北半島にかけて津波堆積物を調査することです。この地域で詳細に調査すれば、北海道や東北の過去の地震や津波の謎を解く鍵が見つかるような気がしています。

――東日本大震災のあと、週刊誌を中心に「茨城沖」「房総沖」を震源とした地震を警告する説をよく目にするようになりましたが、その危険性はあるのでしょうか？

宍倉　**存在はわかってもくり返し間隔が不明なため、いつ発生するかは断言できない**

関東地方は、人口が密集している首都圏を抱えており、それだけに首都圏の近くで発生する地震を人々が何よりも恐れているのはよくわかります。また、茨城沖や房総沖を震源とした地震を警告する専門家や研究者の説には、それぞれ根拠があると思います。私自身、「外房型地震」の存在を提唱していますから。
では、関東近辺を震源とする地震がすぐにも発生するかといえば、それは何とも言えません。貞観津波の場合はくり返し間隔がわかっていましたから、その発生が

「切迫している」と予測できたのですが、茨城沖地震や房総沖地震、さらには私が提案している外房型地震にしても、その存在はわかっていてもくり返し間隔が不明なため、いつ発生するとは断言できません。一連の報道記事を見るかぎり、現段階では憶測だけが飛び交っており、危険性ばかり煽《あお》るのはどうかという感じがします。また、東日本大震災のあとだけに、専門家や研究者の間には、あとで「想定外」と言うよりは、今のうちに警告しておくべきだという思いが強いのではないでしょうか。

――宍倉さんは今年（2011）5月の学会で、最新の学説である「外房型地震」説について発表されましたが、その反響はいかがでしたか？

宍倉　否定的な意見はなく、「そういう考え方もあるのか……」という感じです

私が地球惑星科学連合学会で発表した「外房型地震」は、その発生が切迫しているということよりも、「第3の関東地震」ともいうべき新しい関東地震のタイプがあるという研究的な興味深さから提唱したものです。ですから、貞観津波のように「いつ来てもおかしくないほど危険ですよ」と言っているわけではありません。「関東に

しばらく地震は来ないという評価だからといって、安心してはいけません」という意味なのです。

学会での反響は、専門家や研究者の間から特に称賛されるようなことはありませんでしたが、否定的な意見はなく、「なるほど、そういう考え方もあるのか……」という感じでした。

――関東地方の地震といえば、年配の方にとっていちばん記憶に新しいのは大正時代に発生した大地震だと思いますが、この地震はどのような地震だったのでしょうか？

宍倉　海溝型地震でありながら震源が陸地にもかかっていた稀なケース

大正関東地震は1923（大正12）年9月1日に発生した、マグニチュード（M）7・9という大地震です。震源は相模湾北西沖。10万人以上の犠牲者が出て、家屋の倒壊も多く、日本災害史上最大（当時）といわれる被害を出しました。

この地震の特徴は、東日本大震災の地震と同じような海溝型地震でありながら、震源が陸地にもかかっていたことです。通常、海溝型地震というのは震源が沖合にあるのですが、大正関東地震の場合には震源の直上に陸地があったため揺れも大きく、地盤の変動が顕著でした。東日本大震災の地震ではM9・0という大きな規模にもかかわらず、陸地に現れた地盤の上下変動は石巻などに見られた約1メートルの沈降くらいですが、大正関東地震では2メートル程度の隆起がありました。このように海溝型地震で震源の真上に多くの人が住む陸地があるのは稀なケースです。

――関東地方では関東地震のような海溝型地震とは別に「首都直下型地震」の危険性も警告されていますが、この危険性はあるのでしょうか？

宍倉　予測不能でいつ起きてもおかしくはない

首都直下型地震は最近150年くらいの間にあちこちで発生していますが、地震の規模はどれもM7程度であり、震源の深さはだいたい30～80キロ程度と言われています。大正関東地震の直前に頻発しましたが、それ以後はほとんど起きていません。このタイプの地震はいつ起こるか、まったく予測不可能です。言い換えれば、いつ起きてもおかしくないのかもしれません。しかし、前述したように、場所は様々ですが、その地震の規模やおおよその震源の深さの範囲などは想定できます。つまり、今、どこの真下で、震源の深さ何キロで、どれくらいの断層が動けば、どこでどのくらいの揺れが生じるかは理論上では計算できるわけです。したがって、そうして計算したデータに基づいて、地震の揺れやすさを把握することが重要だと思います。まぁ私自身は計算は専門外なので、言うのは簡単ですが、実際にはパラメータの設定などにおいて任意性が非常に大きいので、かなり難しい作業だと思います。

いずれにせよ首都直下型地震については、もう起こるのはしかたがないことと考え、その発生時期を心配するより、事前のシミュレーションによって、いざ地震が発生したときにどんな影響が出るかを予測し、その対応策を講じるしか今のところ方法がないと思っています。中央防災会議ではそのようなシミュレーションをいくつかのパターンで行っているようですが、まだ不十分と言わざるをえません。

4、東海地震について

――東海地震に関しては富士山の噴火が危惧されていますが、その可能性は大きいのでしょうか？

宍倉　火山の場合は噴火の前に必ず前兆現象があります

東海地震が発生すれば、富士山に何らかの影響が出ることは当然、考えられます。ただ、東海地震が発生すれば必ず富士山が噴火するというわけではありません。逆に、東海地震より先に富士山が噴火することもありえます。いずれにしても、火山の場合は噴火の前に必ず前兆現象があり、大規模噴火にいたるまでに時間もあるので、その間に避難すれば人的被害を小さくできます。たとえば、10年以上前の三宅島の噴火のときも島民全員が避難しています。その点、地震は突然ドーンと襲ってくるので、防ぎようがなくて人的被害が大きくなりがちです。

富士山に関して言えば、１７０７（宝永４）年の噴火から３００年以上経過しており、確かにいつ噴火してもおかしくない状況にはあります。そのため、前兆現象を見逃さないよう観測していくことが重要になりますが、日本の活火山には気象庁やそれぞれの地域の大学などがついて、観測を受け持っています。昨今の政府の仕分け作業によって、観測設備の縮小・廃止など、影響を被っていることは憂うべきことです。

——今年（2011）6月9日、地震調査研究推進本部の地震調査委員会は東日本大震災の影響で、活断層の動きが活発になり地震の発生確率が上昇した活断層として「牛伏寺断層」「立川断層」「双葉断層」などをあげましたが、そのうちの牛伏寺断層のそばで6月30日に震度5強の地震がありました。他の立川断層や双葉断層でも近いうちに大きな地震が発生するのでしょうか？

宍倉　東京にある立川断層は活動履歴には諸説あり、いつ動くか分からない

活断層から起こる地震の発生確率というのは、基本的には地質学的なデータに基づいて、断層の活動履歴（活動間隔と最新の活動時期）から算出されます。今回、地

震調査研究推進本部が、発生確率が上昇したと言っているのは、クーロン応力変化という手法で、理論的に計算した結果に基づいています。東日本大震災を起こしたM9・0という巨大地震で、東日本の地殻にかかる応力は大きく変化しましたが、それを計算すると、どうやら先に挙げた3つの断層で顕著に応力が高まり、地震の発生を促進する方向に変化したということのようです。7月11日の地震調査委員会では、さらに「三浦半島断層群」がそれに加わりました。

あくまで理論計算の結果なので、実際のところはわかりませんが、応力が高まった地域では、以前に比べて微小地震活動が活発化しているというデータもあるようです。6月30日に松本で震度5強を記録した地震（M5・5）もそれに関連している可能性があります。ただし牛伏寺断層というのは、もともと活断層としては発生確率がきわめて高く、いつ起きてもおかしくないような状況にありますから、今回の応力変化に限らず、常に注意しておくべき断層です。

双葉断層というのも東日本大震災の地震の震源にとても近いので、なんらかの影響を受けることは容易に想像がつきます。ただちに活動するかどうかは何とも言えませんが、4月11日にすぐ近くのいわき市内の活断層でM7・0の地震が起こっているので、気になりますね。

　立川断層は人口の多い東京都内にあるということで、特に注目を浴びていますが、過去の活動履歴には諸説あって、きちんと解明されていません。言い換えれば、いつ動くか分からない断層なんです。実はそんな断層は日本全国にたくさんあります。ですから、これらの断層についても、今回の応力変化に限らず、仮に断層が動いた場合にどうしたら良いか、断層のずれによる地盤変動の影響や地震動の影響などを前もってきちんと評価し、いつ地震が起きてもよいように備えておくことが大事です。地震動の予測については、地震調査研究推進本部などが公表していますので、参考にすると良いと思います。

　さて、最後に三浦半島断層群についてですが、三浦半島断層群は、半島を北西から南東に横切る5つの断層からなります。これらがそれぞれ独自に動いて地震を発生させる可能性は否定できませんが、私はどちらかというとこれらの断層は、関東地震に付随して動くことの方が多いのではないか、と思っています。三浦半島断層群は、関東地震の震源の真上にありますし、実際に1923年の大正関東地震の際に、下浦断層という断層が動いています。また、私の大学の後輩で財団法人地域地盤環境研究所の越後智雄氏は、南下浦断層や引橋断層も大正関東地震で同時に動いたという証拠を見つけています。

5、スマトラ島沖地震について

――近年、スマトラ島で大きな地震と津波がありましたが、これはどんな地震だったのでしょうか？

宍倉　地震学の常識が覆された想定できない大震災でした

スマトラ島沖地震は、２００４年12月26日、インドネシアのスマトラ島沖で発生したＭ９・１という巨大地震です。スマトラ島西側のスンダ海溝では、インド洋（インド・オーストラリア）プレートが、アンダマン（またはビルマ）プレートの下に沈み込んでおり、引きずり込まれたプレート内に蓄積した歪みが限界に達すると、跳ね返りによって断層運動が発生します。このようなしくみで発生したのが、スマトラ島沖地震です。

この巨大地震によって、インドネシアをはじめインド洋沿岸の国々が被害を受けましたが、なによりも津波による被害が尋常ではありませんでした。津波はスマトラ島のバンダアチェに襲来したあと、約2時間後にはタイのプーケットやスリランカに到達し、さらに8~12時間後にはアフリカ東海岸まで達しています。この巨大津波による犠牲者は20万人以上となり、史上最悪の津波被害となったのです。

この地震は東日本大震災の地震と同じように海溝型地震であり、スマトラ島沖やジャワ島沖というのは昔から地震が頻発する場所でした。そのため、M8程度の地震はポツポツとあったので、想定できましたが、まさか2004年の地震のようなM9・1という巨大地震が起きるとは誰も想定できませんでした。また、日本のように歴史記録が豊富にないため、過去にどれくらいの規模の地震が起きたかよくわかっていなかったのです。それだけに、巨大地震・巨大津波の発生は地震関係者の間では大変な驚きで、当時も、地震学の常識が覆されたといわれました。

——宍倉さんたちもスマトラ島沖地震のあと、現地に調査に行かれたのですか？

宍倉　産総研と東京大学の合同調査チームでアンダマン諸島を調査訪問

地震後、世界各国からたくさんの研究者が現地を訪れ、調査しました。私たちも地震発生から3ヶ月後に、産総研と東京大学による合同調査チームとしてアンダマン諸島で地殻変動と津波を調査するために出向きました。アンダマン諸島は、ニコバル諸島などとともにスマトラ島沖地震の震源の真上に連なる島々です。主要な島は、南北約300キロに連なった北アンダマン島、中アンダマン島、南アンダマン島の3つの島で、諸島の中心都市は南アンダマン島南部にあるポートブレア。私たち調査団はここに降り立ち、そこから北アンダマン島西岸の無人島へと向かいました。

インドの研究者も加わったアンダマン諸島の合同調査チーム

その行程は過酷で、槍を持った原住民のいるジャングルのなかをエアコンのない小さな車でひた走ったあと、小さな木製ボートに乗り換えて、ワニやサメにおびえながら川や海を渡っていくというもので、正直、調査というより冒険をしに来たようでした。

そうして、ようやく目的地の無人島に到着した私たちは、そこで見た光景に目を奪われました。私たちの目の前に、美しいサンゴ礁《しょう》が周囲幅1キロほどの範囲で全部露出していたのです。サンゴ礁が隆起した光景というのは、熱帯の隆起域で見ることができますが、それは離水してから何百年、何千年と経過し、風化し

エアコンのない軽ワゴンに大人6人で乗り、熱帯のジャングルを駆け抜けた

ています。ところが、私たちが目にしたのは、3ヶ月前まで海のなかで生きていた、本来であればダイビングしなければ見ることができないまだ生き生きとしたサンゴ礁です。スマトラ島沖地震では20万人以上もの犠牲者が出ており、美しい海に見とれている場合ではないのですが、正直、その光景はすごいと思いました。アンダマン諸島へ調査に出向く前に、衛星写真によって隆起が起こっていることは推測できましたが、それがどのくらいの隆起量なのかはわかりませんでした。それだけに、実際に、数ヶ月前まで海底だった場所が隆起しているのを目の当たりにすると、研究者として言葉にならない感動を覚えました。

――アンダマン諸島ではどのような調査を行ったのですか?

宍倉　**隆起量を詳しく測定するためにマイクロアトールというサンゴ群体を活用**

アンダマン諸島では隆起量を詳しく測定するために、隆起したマイクロアトールというサンゴ群体を活用しました。マイクロアトールとはハマサンゴの仲間がつくる群集で、平べったい円筒形をしています。バームクーヘンのような形を想像していただければよいでしょう。塊状のハマサンゴの上方への成長は低潮位の海面付近で止まり、上方の高さは一定となり、横方向へ円を拡大するように群集を成長させていきます。そこで、隆起したマイクロアトールの天辺と現在の低潮位の高度差を計測することで、地震による隆起量がわかるわけです。しかも、マイクロアトールは年に少しずつ横に拡大するので、その年輪を測ればいつ隆起が起こったかを知ることができます。

こうして計測した結果、地震後3ヶ月で、1・3メートル程度隆起していたことがわかりました。同じように北アンダマン島や中アンダマン島の隆起量も計

美しいサンゴ礁が周囲幅1キロほどの範囲で全部露出していた

測してみると、隆起量は南東に向かって徐々に小さくなっており、南アンダマン島では逆に沈降していました。つまりアンダマン諸島全体では地震によって南東へ向かって傾いたことがわかったのです。

　ところが、アンダマン諸島での調査のなかで、私たちは地元住人からの聞き取り調査で非常に興味深い現象を知ることになりました。ある民宿のオーナーに話を聞いたところ、地震直後には地盤が隆起して潮がこれまで来ていたところまで来なくなったが、3ヶ月後私たちが調査に訪れたときには潮が戻って来た、と言うのです。彼は毎日海に出ており、潮の満ち引きには敏感であり、さらにふだん

隆起量を測定するために活用したマイクロアトール

は小屋の下にボートをおさめて修理をしていましたから、ふだん潮がどこまで来ていたかよく知っていました。そんな彼の証言だけに、信憑性が高く、さらに地震前、地震直後、地震から3ヶ月後の3つの時期の大潮のときの高潮位の位置を示してもらいました。

それによると、地震前は小屋のすぐ近くが高潮位の位置で、小屋からの船の出し入れがしやすくなっていました。ところが、地震直後には高潮位の位置は小屋から遠い沖合にまでしか来なくなっていました。そして、その後3ヶ月までの間には潮が戻って来て、高潮位の位置は小屋に近づいて来たのです。この興味深い

アンダマン諸島南東部の沈降により浸水した家屋

現象は「余効変動《よこうへんどう》」という地震後に地面が徐々に隆起したり沈降したりする地殻変動と考えられます。アンダマン諸島の場合は、プレート境界上部の固着の弱い部分が地震後にゆっくりとすべっていたと考えると、説明がつきます。余効変動はそれなりに大きな地震であればたいてい起きますが、M９クラスの巨大地震では特に顕著に表れる現象です。場合によっては、数十年たってもその影響が続くこともあり、スマトラ島でも余効変動が続いているようです。

地震直後の海岸線ははるか向こうだったが、「余効変動」によって高潮位の位置が右手前の小屋に近づいてきた

――スマトラ島沖地震の発生について予測する専門家はいなかったのですか？

宍倉　**カリフォルニア工科大学と現地の古地震研究グループが直前に予測**

実は、カリフォルニア工科大学とインドネシアの研究グループは、スマトラ島周辺で古地震の調査を行ってきました。その結果、スマトラ島沖地震の震源の南方で１８３３年と１８６１年に発生した大地震により海岸が１メートル以上隆起したと推定されていました。そして、今後数十年以内に次の活動があるだろうという予測が、実際に地震があった２００４年12月26日の直前に公表されていました。このときはＭ９クラスになるとまでは推定できていませんでしたが、多くの専門家や研究者が「まさか」と思ったスマトラ島沖の巨大地震も、実は想定外ではなく、起こるべきして起こった地震だったわけです。この状況は今回の東日本大震災の地震が起こったときとよく似ています。つまり古地震学者は注意喚起をしていたのに、世間ではあまり注目されていなかったのです。当時カリフォルニア工科大学教授で現在シンガポールの地球科学研究所にいるケリー・シー氏は、スマトラの地震の後、タイムズ誌で地震の予測とその世間への周知への難しさについてコラムで述べています。気づいたら私も今回の地震の後に同じような事をしていましたね。ＪＳＴ（科学技術振興機構）のサイエンスポータルというサイトに地震後1週間あまり経った頃、今回の地震は古地震学的には想定外ではなかった、というコラムを寄稿しています。

6、チリ地震について

――スマトラ島沖地震の前にもチリ地震という大きな地震がありましたが、これはどのような地震ですか？

宍倉　チリ海溝沿いで発生したＭ９・５という観測史上最大の地震

チリ地震は、１９６０年5月22日にチリ海溝沿いで発生したＭ９・５という巨大地震です。Ｍ９クラスの巨大地震は、20世紀には１９５２年のカムチャッカ地震（Ｍ９・０）、１９５７年のアリューシャン地震（Ｍ８・６〜９・０）、チリ地震、１９６４

年のアラスカ地震（M9・2）の4回しか起きていませんが、そのなかでもチリ地震は規模が大きく、観測史上最大の地震です。1743名の人が犠牲となりました。震源域はチリ中南部の南北約1000キロメートルに広がり、この地震によって発生した津波は太平洋を伝わって日本にまで及び、三陸海岸沿岸を中心に被害をもたらし、142名の人が亡くなりました。

チリで文書の記録がつくられ始めたのは1500年代からであり、過去400〜500年の間の記録によって、100〜200年の発生間隔で大地震が発生していたことはわかっていました。しかし、詳しく調べていくと、1960のチリ地震ほど巨大なものはまれにしか発生していないことがわかり、津波堆積物の調査などから、その間隔が300〜400年であることもわかってきたのです。

――産総研ではチリ地震についても調査を行っているのですか？

宍倉　03年から現地調査を行い津波堆積物等の調査で成果をあげています

私たち産総研はチリのバルパライソ・カトリック大学と米国地質調査所と共同で、

2003年から現地調査を行っています。先ほど説明した津波堆積物の調査で大きな成果を上げていますが、それ以外に地殻変動の調査も行っています。調査の方法は、基本的に現地で海辺に住む地元住人への聞き取り調査です。調査当時、1960年のチリ地震を体験した人たちは大半が60代以上でしたが、みな地震のときのことをしっかりと覚えており、貴重なデータを収集することができました。

具体的には、まず地震前の海岸線がどの位置にあったかを聞き取りで明らかにします。その解明に非常に役立ったのが、この地域独特の形状をした家屋です。私たちが「ピラーハウス（脚柱のある家）」と呼んだその家屋は、家の半分を岸に載せ、残りの半分を長い柱で支え海面に浮くように建てられています。つまり、地震前

地震前の海岸線の位置を解明するのに役立ったピラーハウス

に建てられたピラーハウスは、当時の高潮位を基準にしているので、その家屋の当時の高潮位と現在の高潮位を比べることで、地震によってどれだけ隆起したか（海面の位置がどれだけ下がったか）がわかるわけです。

調査した地域は震源域のほぼ中央にあたり、大陸側に海が湾入した地形なので、海面を基準にした調査にはうってつけの場所です。私はクリスチャンというチリの若い研究者と二人で、1台のピックアップトラックをレンタルして、これらの地域をのべ10日間くらいかけて巡って行きました。聞き取り調査の際、現地の人はスペイン語しか話せないので、私がクリスチャンに英語で話し、それをスペイン語で現地の人に伝えてもらったのです。逆に現地の人の証言は、クリスチャンを通じて英語に訳してもらいました。こ

聞き取り調査の様子。クリスチャン（右）が現地の住人に1960年チリ地震のことを聞いている

のクリスチャンという良き相棒を得て、二人で楽しい珍道中のような感じで、チリの田舎町を日々転々としながら調査をしていったのです。

こうして各地のピラーハウスの住人から聞き取り調査を行い、高潮位の高度差を計測してみると、チャミザという村では2・1メートル隆起していることがわかりました。また、メトリという村では、隆起で海面が下がり軒下が下がってしまったために、従来の1階の下に新たに「1階」を増築して2階建てにしたピラーハウスもありました。重要なことはこれらの隆起が地震の時に起こったのではなく、地震の後に生じていることです。つまりチリ地震でも余効変動が見られているということです。その余効変動は地震後も長く続き、最近になってようやく収まる傾向にあるようで

隆起で海面が下がり、軒下が下がってしまったピラーハウス

す。こうした余効変動は東日本大震災の地震でも考えられ、石巻など沈降した地域も今後何十年の間にじわじわと隆起し、戻ってくることが予想されます。

7、津波対策について

――東日本大震災では、津波が想像以上に速く到達し多くの人の命を奪いましたが、今後、地震による津波が発生したときには、どのように対応すればよいのでしょうか？

宍倉　基礎のしっかりした高い建物の上層階に逃れること

これまで津波は3階以上の高さには来ないといわれてきました。そこで、津波が来たら、鉄筋コンクリート造りの頑丈な建物の3階以上に避難すれば安全だとされてきました。実際、スマトラ島沖地震の津波のときにも鉄筋の建物の3階以上に避難した人は生き延びており、この説は実証されていました。

ところが、東日本大震災では、三陸海岸において、その安全なはずの鉄筋の建物が、津波のパワーと液状化が相まって建物ごと流されていきました。また、津波は建物の3階どころか4階、5階にまで達してしまったのです。まさにこれは、私にとっても想定外のことでした。

したがって、今後は津波が襲来したときには、近くに山や高台があればそこへ避難するのがいちばんですが、周囲にそういう環境がない場合には、基礎のしっかりした高い建物の上層階に逃れることです。東日本大震災において、津波に流されたり損壊されたりした建物には、それなりの原因があるはずであり、今後、そうしたことも分析し、どういう構造の建物が津波に強いかということを明らかにしていくことも重要でしょう。

ふだんからもしここで津波が襲ってきたらどのビルに避難するべきかシミュレーションしておくことも大事です。また、行政や民間企業は避難先として活用できるビル、施設をもう一度見直して、市民に告知しておく必要があるでしょう。そして市民一人一人が、地震や津波に対して正しい知識を持ち、いざというときの心構えを持つこと、これが大事だと思います。

・寒川　旭(2001)『地震“ナマズの活動史”』. 大巧社, 173頁

・澤井祐紀・宍倉正展・小松原純子(2008)「ハンドコアラーを用いた宮城県仙台平野(仙台市・名取市・岩沼市・亘理町・山元町)における古津波痕跡調査」.『活断層・古地震研究報告』No.8(2008年), 17-70, 産業技術総合研究所地質調査総合センター

・澤井祐紀・宍倉正展・岡村行信・高田圭太・松浦旅人・Than Tin Aung・小松原純子・藤井雄士郎・藤原　治・佐竹健治・鎌滝孝信・佐藤伸枝(2007)「ハンディジオスライサーを用いた宮城県仙台平野(仙台市・名取市・岩沼市・亘理町・山元町)における古津波痕跡調査」.『活断層・古地震研究報告』No.7(2007年), 47-80, 産業技術総合研究所地質調査総合センター

・Sawai, Y., Kamataki, T., Shishikura, M., Nasu, H., Thomson K., Okamura, Y., Satake, K., Komatsubara, J., Fujii, Y., Matsumoto, D., Aung, T. T., 2009, "Aperiodic recurrence of geologically recorded tsunamis from the past 5,500 years in eastern Hokkaido, Japan". *Journal of Geophysical Research*, doi:10.1029/2007JB005503

・宍倉正展(2003)「変動地形からみた相模トラフにおけるプレート間地震サイクル」.『地震研究所彙報』78巻3号, 245-254

・宍倉正展・澤井祐紀・岡村行信・小松原純子・Than Tin Aung・石山達也・藤原　治・藤野滋弘(2007)「石巻平野における津波堆積物の分布と年代」.『活断層・古地震研究報告』No.7(2007年), 31-46, 産業技術総合研究所地質調査総合センター

・宍倉正展・越後智雄・前杢英明・石山達也(2008)「紀伊半島南部沿岸に分布する隆起生物遺骸群集の高度と年代 — 南海トラフ沿いの連動型地震の履歴復元 —」.『活断層・古地震研究報告』No.8(2008年), 267-280, 産業技術総合研究所地質調査総合センター

・宍倉正展・藤原　治・澤井祐紀・藤野滋弘・行谷佑一(2009)「沿岸の地形・地質調査から連動型巨大地震を予測する」.『地質ニュース』663, 23-28

・宇野知樹・宮内崇裕・宍倉正展(2007)「完新世離水海岸地形からみた相模トラフ沿いのプレート間地震の再検討－内房と外房で対比されない海成段丘の存在から－」.『日本地球惑星科学連合 2007 年大会予稿集』, S141-007

引用文献

・Cisternas, M., Atwater, B., Torrejon, F., Sawai, Y., Machuca, G., Lagos, M., Eipert, A., Youlton, C., Salgado, I., Kamataki, T., Shishikura, M., Rajendran, C.P., Malik, J., Rizal, Y., Husni, M., 2005, "Predecessors of the giant 1960 Chile earthquake". *Nature*, vol. 437, 404-407

・羽鳥徳太郎(1979)「九十九里浜における延宝(1677 年)・元禄(1703 年)津波の挙動 津波供養碑の調査から」.『地震研究所彙報』54巻1号, 147-159

・地震調査研究推進本部(2009)『日本の地震活動 — 被害地震から見た地域別の特徴 —〈第2版〉』. 地震調査研究推進本部地震調査委員会編, 496頁

・川上俊介・宍倉正展(2006)「館山地域の地質」.『地域地質研究報告(５万分の１地質図幅)』. 産業技術総合研究所地質調査総合センター, 82頁

・国土地理院(2011)「日本全国の地殻変動」.『地震予知連会報』84, 8-31

・行谷佑一・佐竹健治・山木　滋(2010)「宮城県石巻・仙台平野および福島県請戸川河口低地における 869 年貞観津波の数値シミュレーション」.『活断層・古地震研究報告』No.10(2010年), 1-21, 産業技術総合研究所地質調査総合センター

・Nanayama, F., Satake, K., Furukawa, R., Shimokawa, K., Shigeno, K., Atwater, B.F., 2003, "Unusually large earthquakes inferred from tsunami deposits along the Kuril Trench".*Nature*, vol. 424, 660-663

・岡田義光(2001)「地震の活動期・静穏期」.『地震予知連絡会会報』66, 554-561

・Ozawa, S., Nishimura, T., Suito, H., Kobayashi, T., Tobita, M. and Imakiire, T., 2011, "Coseismic and postseismic slip of the 2011 magnitude-9 Tohoku-Oki earthquake". *Nature*, vol. 475, 373-377.

・Sagiya, T., 2004, "Interplate coupling in the Kanto district, central Japan, and the Boso peninsula silent earthquake in May 1996". *PAGEOPH*, 161, 2327-2342, doi: 10.1007/s00024-004-2566-6

〔著者紹介〕

宍倉正展（ししくらまさのぶ）

（産総研 活断層・地震研究センター 海溝型地震履歴研究チーム・チーム長／理学博士）

1969年千葉県生まれ。2000年千葉大学大学院自然科学研究科博士課程修了。通商産業省工業技術院地質調査所入所、01年産業技術総合研究所 活断層研究センター研究員、09年より現職。
海溝型地震の履歴にかかわる地形、地質の調査研究に従事。特に関東地震の履歴を詳しく調査しており、チリ地震、スマトラ沖地震などに関連した海外の調査も行っている。著書に『地震と活断層—過去から学び地震を予測する—』(〔産総研シリーズ〕共著・丸善)、『きちんとわかる巨大地震』(〔産総研ブックス〕共著・白日社)など。

次の巨大地震はどこか！

2011年9月9日 第1刷発行

著　者　宍倉正展
発行者　宮下玄覇
発行所　MPミヤオビパブリッシング
〒104-0031
東京都中央区京橋1-8-4
電話（03）5250-0588㈹
発売元　株式会社宮帯出版社
〒602-8488
京都市上京区真倉町739-1
電話（075）441-7747㈹
http://www.miyaobi.com
振替口座 00960-7-279886
印刷所　モリモト印刷株式会社

 ISBN978-4-86366-810-2 C0036